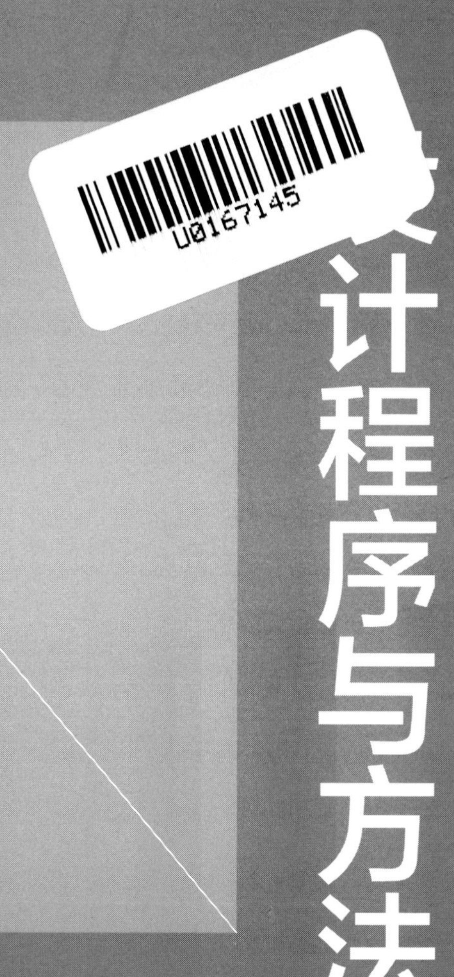

设计程序与方法

SHEJI CHENGXU YU FANGFA

毛斌　杨旸　李怡　著

中国水利水电出版社
www.waterpub.com.cn
·北京·

内 容 提 要

本书针对设计程序与方法展开叙述，详细阐述了设计程序、设计的基本原理、设计法则和设计方法等方面的内容，并通过实例分析帮助读者理解设计的程序，掌握设计方法的运用，在设计过程中更好地分析与解决问题。

本书适合设计人员和设计专业在校学生参考使用，也适合想要系统了解设计程序与方法的人员阅读。

图书在版编目（CIP）数据

设计程序与方法 / 毛斌，杨旸，李怡著. -- 北京 : 中国水利水电出版社，2020.8
ISBN 978-7-5170-8759-5

Ⅰ. ①设… Ⅱ. ①毛… ②杨… ③李… Ⅲ. ①设计学 Ⅳ. ①TB21

中国版本图书馆CIP数据核字(2020)第149514号

书　名	**设计程序与方法** SHEJI CHENGXU YU FANGFA
作　者	毛斌　杨旸　李怡　著
出版发行	中国水利水电出版社 （北京市海淀区玉渊潭南路1号D座　100038） 网址：www.waterpub.com.cn E-mail：sales@waterpub.com.cn 电话：（010）68367658（营销中心）
经　售	北京科水图书销售中心（零售） 电话：（010）88383994、63202643、68545874 全国各地新华书店和相关出版物销售网点
排　版	中国水利水电出版社微机排版中心
印　刷	天津嘉恒印务有限公司
规　格	170mm×240mm　16开本　10.25印张　178千字
版　次	2020年8月第1版　2020年8月第1次印刷
印　数	0001—2000册
定　价	**49.00元**

前言
PREFACE

创造性思考在设计过程中十分重要，创意没有公式可循，但是我们相信，运用适当的方法可以更好地激发创作潜能。

设计的程序是一个发现问题、解决问题的过程。无论是设计建筑，还是设计椅子都需要程序的指引与方法的运用。本书讲述了设计师如何将生活中发现的问题转化为有价值的机会，并通过各要素的组合，形成一件产品或一套系统；设计师如何在发现问题（机会）和解决问题的过程中，通过设计方法获得更多有趣的灵感以及更有效的解决问题的途径。

设计的解决方法是多样的，也是通用的，本书中通过众多设计案例总结其中的设计方法，让设计方法与法则贯穿整个设计程序，通过设计调研、创意迸发、草图设计、设计深化、设计实施、设计评估、设计反思七个阶段阐述整个设计过程。

首先，通过第 1 章设计概述，让学生了解什么是设计，对设计有一个初步的认识。第 2 章对设计程序与方法进行概述，主要阐述设计流程，但并未展开。第 3 章讲述了设计遵循的基本原理，在第 2 章的基础上告诉学生每一步需要考虑的基本原理，将设计的基本原理赋予在设计程序中展开。第 4 章、第 5 章分别介绍了设计程序中的法则与方法。通过具体的案例，分步骤地使学生更深入地了解并学会运用设计的法则与方法。第 6 章是案例总结以及学生作业，通过具体案例来回顾本书学习的设计程序与方法的相关知识。第 2 章是本书的主线，第 3 ~ 5 章是对第 2 章的展开说明。

人人皆可设计，设计不仅是设计师的活动，若每个人都能运用设计程序与方法参与设计，将会给设计带来更强的生命力。本书使用通俗质朴的语言解答了设计过程中的顺序及方法，帮助读者了解设计，并让设计成为生活中的乐趣。

本书以设计能力培养为主线，采用设计案例贯穿全书，力求展现设计的实际过程，主要具有以下三个特点：

（1）本书内容涉及产品设计的全过程，包括前期调研、创意迸发、草图设计、设计深入、设计评价、设计反思等，并提出不同设计阶段适用的设计方法。

（2）本书内容组织以贯穿案例为主线，围绕设计过程、设计法则和设计方法，分章节向读者展现通用的产品设计方法和理论。

（3）精炼基本知识和基本理论，突出实际应用。具体体现在着重突出案例的使用，优化设计法则和设计方法的数量，着重讲清其使用方法。

为增加实用性和应用性，本书较为详细地介绍了设计方法的使用案例，主张独立思考、求同存异的学习状态，培养自主学习的人才，以设计过程激发创意思维，锻炼创造性解决问题的能力。

感谢毛竹青、张霁、孙赛楠、刘宝凤、刘胤辰、宋丰伊、张肖婵等为本书的编写工作提供了帮助！本书在编写过程中参考了相关图片资料和文献资料，在此向图片作者和文献资料作者表示感谢。

限于笔者水平，书中难免存在疏漏和不妥之处，希望广大读者批评指正。

编者

2019 年 12 月

目录

CONTENTS

前言

第1章　设计概述

第2章　设计程序与方法简述

第4章 设计法则的应用

第5章 设计方法

第1章 设计概述

设计在21世纪的今天已经是我们非常熟知的一个词，对于一个文明、健康的社会而言，设计是无处不在的。一切都需要设计，从小的物件到大的公共空间，从物质环境到非物质环境，从硬件到软件，从造物的功能到产品的样式和符号，从使用方式到生活方式都离不开设计。从中国制造到中国创造，进而将中国的品牌推向世界，在这一系列的征程中都少不了设计的推动作用。随着人类文明的进步、文化的发展与成熟，设计已成为我们文明和文化的一部分，它既是文化和文明的产物，又创造着新文化和新文明。

1.1 什么是设计

《新华字典》将设计解释为“在做某项工作之前预先制定方案、图样等”。“设”在汉语中作为动词，有安排、建立、构筑、陈列、假使等含义，由此复合为设置、设想、设法、陈设、设施、设计等词；“计”在汉语中动词、名词兼用，名词有计谋、诡计，动词如计算、计议、计划等，计议、计划诸词又有名词的词性。因此，“计”作为动词有计划、策划、筹划、计算、审核等含义，“设计”一词几乎包容了“设”和“计”的所有含义，从而具有较为宽泛的内涵。

从对设计的解释中，我们了解到设计主要代表了一种规划或者图案等，但是除了这些能够解释的词义外，我们更需要了解设计所表达的内涵。

1.1.1 设计的涵义

设计的含义有哪些？程能林教授在《工业设计概论（第三版）》一书中有如下总结：

（1）设计是一种操作，美的造物活动，确定形的过程。

（2）设计是一种观念，美的造物意识，创造性思维过程。

（3）设计既是操作又是观念，是操作与观念的集合体。

（4）设计是一门美学，赋予人造物的审美特性。

（5）设计属于人类学，使设计的结果便于人们使用。

（6）设计属于技术学，设计将产品的功能和生产联系起来。

诚如每个人都能做出一定的设计一样，几乎每个人都能给出一个关于设计的定义。

设计的好坏，必须要与相同功能的数种产品做比较才能进行判断，若只有一种产品是无法选择和比较的。当今世界各国的许多著名企业都纷纷提出“设计第一”的口号，因为生产几乎都进入到用同一种原料、同一技术水平生产同一类产品的自动化快速阶段，设计便成了决定性的因素，成为产品看得见的质量表现形式。批量生产的产品与一件单一的产品在生产过程中的思考角度是不同的，单件产品随时可以修改，也许最终产品与最初设想的完全不同也可以接受。而大批量生产的产品就不可以，必须提前规划好或设计好，产品的形象是按计划去执行的，也就是说批量生产的产品与单一的产品这两者的设计意识是不同的。

王受之在《世界现代设计史》一书中指出：“所谓设计，指的是把一种设计、规划、设想、问题解决的方案，通过视觉方式传达出来的活动过程。核心内容包括：计划、构思的形成；视觉传达方式；计划通过传达之后的具体应用。”由于设计是个多义词，存在感性的“设计”表达、例行的“设计”表达和以“设计”作为科学与艺术的桥梁的表达，也有从经济、哲学、文化、文明的角度来表达等，存在着设计含义的多样性。

设计是一项前瞻性的活动，每一次新产品或概念产品的诞生，都预示了社会、文化与生活形态的未来走向。

1.1.2　设计的发展

纵观整个设计史，设计的发展大约可以分为三个阶段：设计的萌芽阶段、手工艺设计阶段和工业设计阶段。

设计的萌芽阶段：设计是人类为了实现某种特定的目的而进行的一项创造性活动，是人类得以生存和发展的最基本活动，它包含于一切人造物品的形成过程之中。从这个意义上来说，从人类有意识地制造和使用原始的工具和装饰品开始，设计文明便开始萌发了。设计的萌芽阶段从旧石器时代一直延续到新石器时代，其特征是用石（图 1.1）、木、骨等自然材料来加工制作成各种工具。由于当时生产力极其低下，并受到材料的限制，人类的设计意识和技能是十分原始的。

劳动创造了人，而人类为了自身的生存就必须与自然界作斗争。人类最初只会用天然的石块或棍棒作为工具，以后渐渐学会了拣选石块、打制石器，作为敲、砸、刮、割的工具，这种石器便是人类最早的产品。由于人类能从事有意识、有目的的劳动，因而石器生产具有了目的性，这种生产的目的性正是设计最重要的特征之一。

手工艺设计阶段：距今七八千年前，人类出现了第一次社会分工，从采集、渔猎过渡到了以农业为基础的经济生活，并有了产品交换。这一时期，人类发明了制陶和炼铜的方法，这是人类最早通过化学变化用人工将一种物质改变成另一种物质的创造性活动。随着新材料的出现，各种生活用品和工具也不断被创造出来，以满足社会发展的需要，这些都为人类设计开辟了新的广阔领域，使人类的设计活动日益丰富并走向手工艺设计的新阶段。手工艺设计阶段由原始社会后期（新石器时代）开始，经过奴隶社会、封建社会一直延续到工业革命前。在数千年漫长的发展历程中，人类创造了光辉灿烂的手工艺设计文明，各地区、各民族都形成了具有鲜明特色的设计传统。在设计的各个领域，如建筑、金属制品、陶瓷、家具、装饰、交通工具等方面，都留下了无数杰作（图 1.2），这些丰富的设计文化正是我们今天工业设计发展的重要源泉。

图 1.1　在坦桑尼亚发现的世界上最早的石器之一

图 1.2　宋代影青执壶

工业设计阶段：工业革命后出现了机器生产、劳动分工和商业的发展，同时也促成了社会和文化的重大变迁，这些对于此后的工业设计有着深刻影响。工业设计产生的条件是批量化生产的现代化大工业和激烈的市场竞争，其设计对象是以工业化方法批量生产的产品。通过形形色色的工业产品，工业设计对现代社会的人类生活产生了巨大的影响，并构成了一种广泛的物质文化，提高了人民的生活水平。

由设计发展的三个重要阶段我们可以了解到，每一个阶段的递进都有重大的技术变革，因此，设计的成熟程度与技术的发展程度有着密不可分的联系。

1.1.3 设计的意义

设计是一种创造性活动，是连接人、产品和自然环境的一种社会行为，设计师通过自己的创意，设计出满足人们需求的产品，并减少对自然环境的伤害，来解决人们生活中存在的问题，设计活动涉及人类一切有目的的价值创造活动。

1950 年，美国学者爱德华·考夫曼·琼尼在论述现代设计的著作中曾提出关于设计的 12 项定义，其具体内容是：

（1）现代设计应满足现代生活的实际需要。

（2）现代设计应体现时代精神。

（3）现代设计应从不断发展的纯美术与纯科学中吸收营养。

（4）现代设计应灵活运用新材料、新技术，并使其得到发展。

（5）现代设计应通过运用适当的材料和技术手段，不断丰富产品的造型、肌理、色彩等效果。

（6）现代设计应明确表达对象的意图，绝不能模棱两可。

（7）现代设计应体现使用材料所具备的区别于它种材料的特性及美感。

（8）现代设计需明确表达产品的制作方法，不能使用表面可行、实际却不能适应大量生产的欺骗手段。

（9）现代设计在实用、材料、工艺的表现手法上，应给人以视觉的满足，特别应强调整体效果的满足。

（10）现代设计应给人以单纯洁净的美感，避免繁琐的处理。

（11）现代设计必须熟悉和掌握机械设备的功能。

（12）现代设计在追求豪华情调的同时，必须顾及消费者。

博朗公司的设计师迪特·拉姆斯也提出过“设计十诫”，也称作“好设计十原则”，对于生活中的设计评价作出了一个标准：

（1）好的设计是创新的。

（2）好的设计使产品实用。

（3）好的设计是具美学意义的设计。

（4）好的设计让产品易被理解。

（5）好的设计是诚实的。

（6）好的设计是谦虚的。

（7）好的设计是持久耐用的。

（8）好的设计将一致性坚持到最后一个细节。

（9）好的设计是对环境友好的。

（10）好的设计是尽可能做到极简的设计。

从这些大师对于设计的态度我们可以得知，设计的意义在于改变生活，对人、社会、环境等有着积极的意义，并对社会起到推动作用。

设计源于生活并改变着我们的生活。特别是面对残疾人等需要特殊关注的群体时，好的设计尤为重要。我们在生活中很少会遇到残疾人，是他们不愿意出门吗？并不是，而是生活中存在的障碍和危险太多（图 1.3）。很多公共场所都设有无障碍卫生间，为什么却不见有人使用？因为通往这些场所的道路上充满了障碍，甚至很多无障碍卫生间直接上了锁，或者成为了环卫工人的休息间，使无障碍设计成为了所谓的“面子工程”，但并未解决人们的根本需求。

盲道是为了残疾人行走方便，而这段路的盲道却完全铺错了（图 1.4），不知道是设计的问题还是施工的问题，但不论是出自谁的“无心之举”，这一小小的变

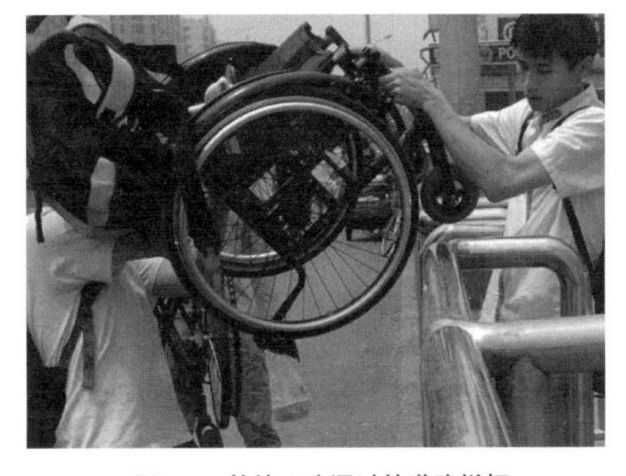

图 1.3　轮椅无法通过的道路栏杆

图 1.4　学校门口的盲道

化都会给盲人的出行带来极大的不便，还有一些盲道为了“好看”被铺成了“贪吃蛇”（图 1.5），设计人员为了美观将盲道作为了人行道装饰的一部分，可是却根本没有考虑到盲道的用途。因为生活的不便，使得我们生活中能遇到的盲人越来越少，少到很多人都忘记了他们的存在。更有甚者，盲道成为了停车的好地方（图 1.6），一排一排的自行车轧过盲道摆放，即使旁边有着醒目的“盲道，禁止停放车辆”的标语，人们也无动于衷。

图 1.5 “贪吃蛇”盲道

图 1.6 盲道上停的车

1.1.4 设计的分类

根据不同的对象，设计大致可以分为三类：环境设计、视觉传达设计和工业设计。

（1）环境设计是指设计师运用设计的相关知识，对自然进行能动的改造，使之更适合人类的生活、居住环境，达到与周围环境相统一、相匹配的审美需求，既需要满足使用者的功能需求，也要具备一定的审美功能。环境设计的范畴主要分为：室内环境设计、室外景观设计、展示设计和公共设施设计。

（2）视觉传达设计是以印刷或计算机信息技术为基础，以视觉符号为媒介，创造具有形式美感的视觉信息，进行信息传递的学科。视觉符号是人的视觉器官（即眼睛）对周围事物的形象化感知，然后通过艺术手段使其具备审美功能。传达的过程主要分为四个阶段，即“谁（设计者）”“把什么（视觉符号）”“传给谁（接受者）”“有什么影响和作用”。视觉传达设计的领域主要分为四类：商标设计、广告设计、包装设计和书籍装帧设计。

（3）工业设计主要分为物质设计和非物质设计，第 1.2 节详细介绍。

1.2 什么是工业设计

1.2.1 工业设计的定义

工业设计是科学与美学、技术与艺术统一的综合学科，涉及心理学、社会学、美学、人机工程学、机械构造、摄影、色彩学等。工业发展和劳动分工所带来的工业设计，与其他艺术、生产活动、工艺制作等都有明显不同，它是各种学科、技术和审美观念的交叉产物。

国际工业设计协会，成立于1957年，现正式更名为国际设计组织（World Design Organization，简称WDO）该组织目前拥有50多个国家的设计师协会作为会员单位，共同致力于推广工业设计的理论和实践，进行各国间的设计文化交流，促进社会发展和改善人类的生活状况。在1980年举行的第十一次年会上，公布了修订后的工业设计的定义："就批量生产的产品而言，凭借训练、技术知识、经验及视觉感受而赋予材料、结构、构造、形态、色彩、表面加工以及装饰以新的品质和资格，这叫做工业设计。"根据当时的具体情况，工业设计师应在上述几个方面从事工业设计相关工作，而且当需要工业设计师针对包装、宣传、展示、市场开发等问题时，需依靠自己的技术知识、以往经验以及视觉评价能力解决，也属于工业设计的范畴。

2015年10月，WDO对工业设计进行了最新定义，这也是目前被公认的工业设计定义："工业设计旨在引导创新，促进商业成功及提供更好质量的生活，是一种将策略性解决问题的过程应用于产品、系统、服务及体验的设计活动。它是一种跨学科的专业，将创新、技术、商业、研究及消费者紧密联系在一起，共同进行创造性活动，并将需解决的问题、提出的解决方案进行可视化。重新解构问题，并将其作为建立更好的产品、系统、服务、体验或者网络环境的机会，提供新的价值以及竞争优势。设计是通过其输出物对社会、经济、环境及伦理方面问题的回应，旨在创造一个更好的世界。"

1.2.1.1 工业设计的广义概念

广义工业设计就是设计，是指为了达到某一特定目的，从构思到建立一个切实可行的实施方案，并且用明确的手段表示出来的系列行为。它包含了一切使用现代化手段进行生产和服务的设计过程。

工业设计是一种创造性的活动，其目的是为物品、过程、服务以及它们在整个生命周期中构成的系统建立起多方面的品质。

1.2.1.2 工业设计的狭义概念

狭义工业设计（Narrow Industrial Design）单指产品设计，即针对人与自然的关联中产生的工具装备的需求所做的响应，包括为了使生存与生活得以维持与发展所需的诸如工具、器械与产品等物质性装备所进行的设计。产品设计的核心是产品对使用者的身心具有良好的亲和性与匹配关系。

何晓佑在《产品设计程序与方法》一书中提到："工业设计最突出的职能和使命是发现市场需求，从现有物质技术条件出发，与各方相关方面及专家合作，努力满足市场需求，并创造市场需求；使工业产品在物质功能和精神功能上以最佳状态符合、适应市场需求；努力使消费者和制造商双方都能满意。"

设计的目的是为了使人们的生活更加便利、高效、舒适和洁净，为人们创造一个美好的生活环境，向人们提供一个新的生活模式，所以工业设计不仅仅包含物质设计，还有非物质设计。

1.2.2 物质设计与非物质设计

1.2.2.1 物质设计

物质设计即我们日常生活中常见的产品，随着社会经济和技术的发展，设计的种类也日趋多元化。在工业设计学科中最负盛名的 IF 设计奖，将产品分为了 23 个常见种类，分别是：

汽车 / 车辆：包括汽车、配件和部件（车轮、方向盘、发动机舱、仪表、控制装置、照明）、农用车辆 / 机器、飞机、无人驾驶飞机和多旋翼飞机、公共汽车、汽车娱乐系统、大篷车、商用车辆、起重机和起重装置、内饰和外观设计、工业卡车、摩托车 / 踏板车、导航设备、航空产品、铁路车辆、船 / 游艇、特种车辆、拖车等。

运动 / 户外 / 自行车：包括运动 / 运动器材 / 运动服、健身和活动追踪器、露营 / 野营装备、GPS 设备、太阳能充电器、户外产品、登山装备、自行车和配件等。

休闲：包括服装、箱包、行李箱、乐器、宠物用品、眼镜等。

婴儿 / 儿童：包括婴儿和儿童的所有产品，如尿布袋、衣服、儿童和婴儿的生活配件、游乐场设备、厨房用具、玩具、学校必需品、教学用品等。

手表 / 珠宝：包括手表、钟表、闹钟、配件等。

音频：包括用于会议、录音机、音频播放器、耳机、高保真音响设备、扬声器、移动扬声器、PC 扬声器、MP3 播放器、收音机、演播室设备、配件等的音频设备。

电视 / 相机：包括相机、媒体播放器、DVD 和蓝光设备、电视、相框、演示设备、投影仪、机顶盒、录像机，遥控器、监控摄像头和技术等。

电信：包括手机、DECT 设备、电池、充电设备、耳机、智能手表、电话、电话系统、网络技术、路由器、双向无线电、VOIP 设备、会议音频 / 视频设备、配件等。

电脑：包括笔记本电脑、PDA、平板电脑、配件、电池、外壳、充电设备、移动电源、计算机、计算机扬声器系统、复印机、电子阅读器、输入和输出设备、键盘和鼠标、显示器、外围设备、打印机、扫描仪、服务器、存储设备、机器人等。

游戏硬件 /VR：包括游戏输入设备：游戏鼠标、游戏键盘、游戏手柄、游戏控制器、游戏显示器、游戏 PC，游戏控制台、游戏手机、游戏 AIO、游戏平板电脑、游戏笔记本电脑、游戏机箱等。游戏配件：游戏 PC 组件（即主板，风扇，RAM）、移动电源、通用配件、游戏耳机 / 麦克风、VR 摄像头、VR 耳机、VR 配件等。

办公室：包括会议家具、文件系统、办公用品、办公配件、办公家具、插头、接待区、书写工具等。

照明：包括照明系统、配件、手电筒、灯具、安全灯、工作场所照明等。

家居家具：包括客厅和卧室家具、配件、固定装置和配件、镜子、炉灶和颗粒炉等。

厨房：包括咖啡机、抽油烟机、洗碗机、固定装置和配件、炉灶和烤箱、厨房用具（搅拌机、榨汁机、煮蛋器等）、厨房家具和技术、厨房系统、微波炉、冰箱和冰柜、净水器、水槽等。

家居餐具：包括炊具和餐具、装饰品、烘干机、玻璃器皿和陶瓷、家用器具

（垃圾桶、拖把等）、熨烫和熨烫设备、通风设备、吸尘器、洗衣机等。

浴室：包括浴室家具、浴室和卫生洁具、浴室和健康区、控制元素和系统、固定装置和配件、桑拿浴室、漩涡浴缸等。

花园：包括园艺工具、花园家具、烧烤用品、遮阳篷、割草机、手推车、户外壁炉、花园桌椅、高压清洗机等。

建筑技术：包括空调、空气净化器、阳台、温室、门、配件和系统、车库、大门、开关、门把手、加热技术、管道技术、帐篷、栏杆、屋顶、安全技术、太阳能系统、智能家居产品、温度控制技术、饮水机、窗户等。

公共/零售：包括家具和家具系统（银行、公交车站、健康、酒店、图书馆、休息室、博物馆、公园、游乐场、公共场所、餐厅、商店、员工食堂、社交区、街道设施、健康等），路灯、ATM 系统和银行机、展览系统、户外广告系统、活动 LED 屏幕、零售室内设计、商店系统/POS 系统、公共空间终端/信息系统/寻路和定位系统等。

医学/健康：包括辅助生活产品、辅助生活技术、临床和实验室设备、医院、医疗/保健设备和设备、康复等。

美容/护理：包括护肤品、牙刷、发刷、吹风机、剃须刀、按摩器具、性玩具等。

工业/工具：包括输送机技术、起重技术、工业扫描仪、物流系统、机器、材料处理、测量和测试技术和实验室技术、生产工程、机器人技术、系统工程、工具、组件等。

纺织品/墙/地板：包括地毯、窗帘、地板、油漆/涂料、具有创新性能的材料、智能材料、瓷砖、室内装潢纺织品、贴面、墙布、壁纸等。

1.2.2.2 非物质设计

非物质设计是社会非物质化的产物，是以信息设计为主的设计，是基于服务的设计。在信息社会中，社会生产、经济和文化的各个层面都发生了重大变化，这些变化反映了从一个基于制造和生产物质产品的社会向一个给予服务的经济型社会转变，这不仅扩大了设计的范围，使设计的功能和社会作用极大增强，同时也导致设计的本质发生了变化。即从物的设计转变为非物的设计，从产品的设计转变为服务的设计，从占有产品转变为共享服务，设计的功能、存在方式和形式乃至设计本质都不同于物质设计。

各种设计的具体目标有所不同，但其中有共通的基本目标，那就是机能和美的统一。把某种产品或产品系统中不符合人的使用目的的因素除去，使之达到满足现代人类生理与心理需求的最高目的。满足生理就是服从科学的客观规律，满足心理就是表现了在最初的观念中存在着求美的意向。这一点也充分体现出设计就是“科学与美学的结合”，是“艺术与技术的统一”这一重要内涵。

1.2.3 工业设计的基本要素

工业设计是一个交叉性学科，决定工业设计的基本要素存在于多个方面，其中最主要的就是功能、形式和物质技术条件这三种要素。

1.2.3.1 功能

功能是第一位的，是整个设计中居主导地位的因素，对于产品的形态有着决定性的影响。功能主要分为三种：物理功能（physical function）、生理功能（physiological function）、心理功能（psychological function）。物理功能是指就构成形态的有关材料、结构等因素而言，不同的材料有着不同的结构，因而塑造的形态也不同，在设计时不考虑物理功能的话，形态很难塑造成功。生理功能是指构成形态与使用上的舒适及应用功能等条件的发挥，因为产品是为人所使用的，人在使用过程中如果感觉不舒服，其产品的设计就彻底失败了。心理功能是指该形态的视觉美感效果，工业设计师是创造美的形态的责任者，所塑造的形态当然要使人类在精神方面产生积极的效果。

1.2.3.2 形式

除了功能以外，形式也是设计中最不可缺少的部分，形式不好看，不论功能有多么强大，都不能足够吸引消费者。在设计史中，人们对于形式在设计中的地位有三种不同的看法，使形式在设计中的地位发生历史性变迁。

芝加哥学派的代表人沙利文最先提出了“形式追随功能”。他说：“自然界中的一切东西都具有一种形状，也就是说有一种形式，一种外部造型，于是就告诉我们，这是什么，以及如何与别的东西互相区别开来。”同时他还强调：“哪里功能不变，形式就不变。”在当时样式盛行的年代，沙利文能够力排众议，强调功能重要性这一主张，倡导“由内而外”的先进观念，确实具有不平凡的意义。不过沙利文之后表现出了理论与实践的两重性，他虽然声称“形式追随功能”，但是其作品却对装饰元素十分偏爱。沙利文的“形式追随功能”被包豪斯沿用，其理论对于现代设计向功能主义发展起了重要作用。

随着设计的发展，直到第二次世界大战之前，美国工业设计开始以一种未来主义的态度来看待机器及其产品，对电气化、高速交通等现代工业的产物大加赞赏并发展了“流线型”这种独特的时代风格。战后的美国工业设计依旧建立在这个基础上。随着经济的繁荣发展，到了 20 世纪 50 年代开始出现了消费高潮，刺激了美国的商业性设计的发展。在这种商品经济形势下，现代主义信奉的“形式追随功能”开始被“设计追随销售”所取代。功能不再是第一位的，人们在设计中考虑的更多的是刺激消费，增加消费者的购买欲望，甚至出现了有计划地实行商品废止制来迫使消费者购买新产品。

随着信息时代的来临，欧洲悠久、灿烂的文化底蕴使设计师们在信息时代能充分展示自己的才华，使高技术以一种充满人文和艺术情调，有时甚至是令人激动的形式表现出来。青蛙设计公司的创始人艾斯林格于 1969 年在德国黑森州创立了自己的设计事务所，这便是青蛙设计公司的前身。青蛙设计公司的设计哲学是“形式追随激情”，其设计既保留了乌尔姆设计学院和博朗的严谨和干练，又带有后现代主义的新奇、怪诞、艳丽，甚至嬉戏般的特色，在设计界独树一帜，其设计原则就是跨越技术与艺术的局限，以文化、激情和实用性来定义产品。

如果只重视功能而无视于形态的塑造，必将产生机械的功能主义弊病；如果只讲求形式的表现，无视功能的需要，则将造成虚伪的形式主义。功能与形式必须互为表里，密切结合，使造型更加完美。

1.2.3.3 物质技术条件

结构受材料和工艺的制约，不同材料与加工工艺能实现的结构方式也不一样。所谓材料，是造型工作所借助的某些物质。材料是造型活动开始所预定的，也是造型活动完成后自然留下来的，只不过那已经不是材料本身的形态而转化新的造型物。设计的造型美是通过形、色、质三大要素给予观赏者感情影响的。不同的色彩、材料与加工技术会在视觉和触觉上给人以不同的感受。由于材料的配置、组织和加工方法的不同，使造型产生轻、重、软、硬、冷、暖、透明、反射等不同的质感。因此，材料的加工，尤其是表面装饰工艺的应用，不仅丰富了造型的艺术效果，而且成为造型质量的重要标志。

充分利用现代工业技术提供的条件，充分发挥材料和加工技术的优势，可以使产品造型的自由度和完整性增加，给产品带来多样化的风格与情趣。物质技术条件也要为功能服务，如果不顾功能是否需要而一味地堆砌材料，必然会破坏产品的整体感。

设计已不仅仅是技术工作、经济活动或艺术创作，还具有指导和教育大众的职能。概括来讲，工业设计对社会有直接的作用：

（1）设计质量的提高和对产品各部分合理的设计、组织，使得产品与生产更加科学化，科学化的生产必将推进企业管理的现代化，以这样的新产品开发战略才能使企业立于不败之地。

（2）创新的设计能促使产品开发和更新，提高市场竞争能力，推进产品销售，增强企业经济效益。

（3）设计充分适应和满足人对产品物质功能与精神功能两个方面的要求，使企业扩大了生产范围，给人们创造出多样化的产品。既丰富了人们的生活，又使企业具备了应付市场劣势、不断进步的能力。

（4）设计的审美表现力成为审美教育的重要手段之一。在没有工业设计的年代，或设计落后的年代，提起欣赏艺术，人们总是去美术馆、艺术馆、影剧院。如今工业设计师们将艺术造型融合于实用品之中，使美的观念从画布、画笔之间的狭窄缝隙中扩展出来，融入到一把椅子、一支钢笔、一台电扇或一架飞机中去。优良的造型设计所传达的艺术信息，远比纯艺术的绘画和雕塑亲民得多，它给平凡的、实用的劳动与生活过程带来了艺术的魅力。

（5）设计促进了社会审美意识的普遍提高，对人类文明的发展有着潜移默化的积极作用。当一个社会的所有成员都努力追求实用优良的设计产品并蔚然成风时，这个社会也就会成为一个文化素质较高的社会。

1.2.4　工业设计师的基本素质

随着全球工业设计行业的不断发展和工业设计学科的不断完善，对工业设计师的要求也越来越高。设计师为了能够更好地服务于大众，设计出使大众满意的产品，必须具备多方面的职业素养：第一是设计表达能力、三维造型能力等，以便能够通过图像更清晰地表达自己的设计想法；第二是要有良好的沟通能力，保持与客户之间良好的交流；第三是要具备一定的商业头脑，能够敏锐地发现市场潜在的价值；最后还要有优良的审美能力，能够给使用者传递良好的审美信息，让其获得良好的审美体验。

工业设计师的基本素质主要体现在以下几方面：

（1）具有创新意识。对于设计师来说，任何一种先进的设备都只是辅助手段，设计师最应该具备的是创造性思维能力。设计创造性思维主要有抽象思维、灵感思维和形象思维。抽象思维又称逻辑思维，即运用设计概念、判断、推理来反映设计构想的思维过程。形象思维又称艺术思维或直感思维，是多途径、多回路的思维，即借助具体形象来展开设计思维的过程。灵感思维又称顿悟思维或直觉思维，是在设计酝酿过程中的一种突发性思维形式，是灵感的表现，称为潜意识。设计创造性思维是上述三种思维形式的有效综合。

作为一个具有强烈创新意识的工业设计师，应该对具体问题有综合概括的敏感性，这实际上是一种评价能力，是判断这些事情是否正确、哪些目标能否达成的一种能力。同时，设计师的思想要流畅，设计师丰富的思想表现在联想的流畅、表达的流畅，最重要的是观念的流畅，从而能在限定的时间内产生出满足一定要求的观念，也就是提出解决问题的答案。工业设计师的思维还应具备灵活性。灵活性是对设计思维广度的评价，是一种抛弃旧思维方法、开创不同方向的思维能力。工业设计师应具备较强的创新意识，这是对思维深度的评价，越具有独创性的构想，对于问题的研究就越易于产生不寻常的反应和不落常规的联想，从而按照新方法对过去的东西加以重新组织，产生全新的、科学的、先进的设计方案。

（2）善于利用现有资源做好设计工作。工业设计本身是一种应用交叉学科，作为工业设计师应该具备相当的信息收集能力、综合概括能力，善于利用其他学科的研究成果。工业设计是一门边缘科学，一方面设计师在研究工业设计本身的科学体系时，必须对周边学科进行认识。如市场营销学、消费心理学、美学、人机工学、仿生学、文化学、管理学、艺术学以及机械知识、电器知识、综合科学知识、医学知识……知识系统越广泛，越有利于设计师开展工作。另一方面，设计师要能够根据具体情况创意性地开展工作。在具体的设计中，限制存在于方方面面，设计师必须要有超越限制的能力，在限制中充分利用资源做好设计工作。

（3）有较强的观察能力和发现问题的能力。观察并非仅是将物体影像投射进人脑中而产生自觉影像的过程，还要视观察之兴趣而定。在整个复杂的观察活动中，只有被观察者视为重要的物品，才能被选出来，只有通过观察，我们才能有所发现、有所思考。设计的过程是解决问题的过程，而解决问题的前提是发现问题。设计师要善于从多角度去观察事物，培养一双“设计师的眼睛”。观察和发现能力，要求设计师的感悟能力要强，正如日本创造学家高桥浩所述：“觉察不正常的状况，觉察不调和，觉察缺点不和谐发现性；觉察欲求，觉察变化，觉察时尚课题的发现；觉察关系，觉察内在共同性的洞察力。”这说明观察的类型是各异的，是由设计师潜在的感受性作用和在搜索不寻常状态以及专心的程序复合而成，然后他才能搜索出设计问题的关键。

具备了这些基本的设计素养后，设计师还应履行自己的设计职责，主要从“人－机－环境”系统方面来讲。

（1）“为人类设计”的责任感，坚持以人为本的原则。设计时要充分考虑人的因素和人的需求，设计出实用、易用、经济、美观的优良产品。

（2）设计的产品要充分考虑其功能、结构、造型、形态、色彩、材料、加工工艺等要素，坚持设计与科学相结合的物化原则，设计出科学性、适用性、审美性相统一的好产品。

（3）设计时还要充分考虑自然环境的因素，尽可能减少产品在设计生产过程中对环境造成的危害，坚持绿色设计、低碳设计、可持续设计，是每一个设计师应尽的责任和应履行的义务。

（4）树立正确的价值观。设计师要面向市场、面向社会，关注人类生存状态和人类的真实需要，拥有为社会而设计的责任感。

对工业设计重要性的认识不只是设计界内部的事，还需要整个社会的共识，设计师担当着引导作用。当然，设计师必须深刻理解“吸铁石原理”。设计师必须与大家站在同一起跑线上，但需稍站前一些，不断地引导人们向前走。如果相距太远，吸铁石就失去了磁性，纵然你的想法再好，也是徒劳。

1.3 设计中的设计

生活中的一切都存在着设计，那么这些设计之间有什么异同？有没有尝试着想给它们进行分类？其实，按照设计目的的不同，设计可以分为方式设计、概念设计、改良设计和系统设计。

1.3.1 方式设计

方式设计是一种创新思维指导下的设计形式，它以人的生理及心理特质为基础，通过对人的行为方式的研究和再发现，以产品的工作方式或人与产品发生关系的方式为出发点，对产品进行改良或创造全新的产品。

方式设计以发现和改进不合理的生活方式为出发点，使人与产品、人与环境更和谐，进而创造更新、更合理、更美好的生活方式。在方式设计思维中，产品只是实现人的需求的中介，其意义在于怎样更好地服务于人的真正需求，寻找人与产品沟通的最佳方式。

方式设计的应用有以下几个方面：

（1）根据人机工学进行方式设计。方式设计能使产品旧的使用方式得到革新与改良，从而引起人们的关注。它要求在产品设计的过程中充分地把握人机工学原理，以及使用者的使用心理和行为方式，使设计产品符合使用者的使用习惯与心理，并对落后的生活方式和不合理的使用心态作正确的引导与指示。

20 世纪 40 年代，坐式抽水马桶的设计给人类的如厕方式带来了突破性改变，坐姿相对于传统的蹲姿更加符合人的生理构造，坐式抽水马桶开辟了如厕产品新的使用方式。

20 世纪 60 年代，挪威斯托克公司通过研究人的坐姿，设计了一系列新型座椅。这种座椅通过使人体坐姿前倾和膝盖支撑，让脊椎和躯体处于一条直线上，保持自然的平衡状态，从而使身体各部位都能最合理地完成其功能，并消除背部、颈部和腿部的应力，给人们带来了一种全新的坐姿方式。

（2）以服务于人为根本。方式设计服务于人的根本需要，表现出对人更加体贴、细腻的关怀。方式设计产生的产品正在逐渐解决人们生活中的难题，更加符合人的使用习惯和生理与心理的需求。不同人群将会从方式设计中找到适合自己生活方式的产品，如残疾人能够方便地从超市找到符合自身使用方式的产品，老年人也会从体贴的产品中重新找回生活的乐趣。

（3）方式设计中的亲和性。方式设计以人为本，关注人的生理需要、心理需要，体现出对人细致入微的关怀，给人的生活增添了更多的乐趣，增加了产品的亲和性。

方式设计可以在产品与消费者之间进行有效沟通，弥补生活的缺陷，扩展产品的使用功能，拉近产品与消费者之间生理与心理的距离。

方式设计的意义有以下几点：

（1）方式设计对人类生活的引导。在现有许多产品的形态构成中，都以已有方式规定着人们的认知形式，如电话机和计算机的按键排列、电器控制键的功能分组设置、家具的开启和储藏形式、汽车部件和控制钮的幅度设置等。设计者运用方式设计可以引导使用者感受产品。设计者可凭借对市场的分析，运用专业知识发掘人们生活中的潜在需求，设计出更加合理的产品，引导大众逐渐适应科学高效的生活方式。方式设计者的探索和实践，可使普通产品变成更加合理的产品，从而在一定程度上优化和丰富大众的生活方式。

（2）方式设计对未来生活的影响。

1）多元化的生活方式。方式设计使同一用途的产品有不同的实现方式，这些方式各有所长，从而给消费者提供更多的选择，为消费者创造多元化的生活方式。

2）更加人性化的产品。人性化的指导思想使方式设计更能拉近产品与人的距离，更加符合人的使用习惯与生理及心理需求。人的每一种生存方式、生活方式，如出行方式、移动方式、愉悦方式、交流方式等都有可能在原有基础上得到提升，或产生出新的替代方式，这样人与产品间建立的关系将更加融洽。

3）消费者与产品更深入的沟通。当人性化的方式设计产品丰富着人们的生活时，消费者将被人性化的产品所体现的体贴、舒适所感动，消费者的消费方式和生活方式也会因此而得到改善。与此同时，消费者作为产品的最终用户将会有更多的改进意见反馈给设计师，在设计方与用户方的交流中，产品将会得到更好的完善。

1.3.2 概念设计

概念设计是指既不考虑现有生活消费水平，也不考虑现有技术和材料，仅凭借设计师预见能力所达到的范畴来设计未来产品的形态，是一种从根本概念出发且具有开发性的设计。企业在进行市场调查后一般会提出一些概念设计，即与老产品有较大差别的“新概念”产品。比如目前很多公司推出的折叠屏手机概念和基于5G通信技术的手机，还有每年在2—3月举行的MWC世界移动通信大会，都会收获很多厂商的概念性设计。除此之外，还有世界各大汽车公司每年都会聚集在底特律、法兰克福、米兰、东京、日内瓦等地，展示自己的各种产品和极具新意的“概念车”。

概念设计只是设计过程的第一步，能不能进行第二步设计深化，第三步加工实施，甚至投放市场为开发商或企业带来效益等，都是未知的问题。设计师的概念设计有时与难以预料的市场变化存在许多差距。如何缩短这一差距，是以往概念设计者的难题。在开发设计的许许多多产品中，只要一百件产品中有几件能够投放市场并获得可见效益就是成功。在追求“百分之几”的可见效益成功的过程中，如何减少做“分母”的被动，扩大可见效益的百分比，仍是最关键的问题，是公司管理决策人士和设计师共同努力的方向。为了更好地接近产品的市场需求，国际上流行一种叫做“故事版情景预言法”的概念设计，就是将所要开发的产品置于一定的人、时、地、事和物中进行观察、预测、想象和情景分析，然后以故事版的平面设计表达展示给人们。于是，产品在设计的开始便多了一份生命和灵气。然而，设计表达在信息时代已是多元化的展示形式，计算机辅助工业设计的发展，尤其是虚拟现实技术在产品概念设计中的应用，使设计师的设计思路和设计表达如虎添翼。

可以想象，面对一种虚拟的“故事版情景预言法”设计出的产品，让人平添了一种直观的、亲切的、交互的感受，这种产品与传统设计产品相比，就大大减少了投放市场的风险性，也为企业决策人寻找商机、判断概念产品能否进一步开发生产，提供了更好的依据。虚拟现实技术能模拟整个产品开发过程，保证产品开发一次性成功，加快开发进程，甚至使设计者和用户融为一体，设计出满足市场需要的产品。

1.3.3 改良设计

产品改良设计是对原有传统的产品进行优化、充实和改进的再开发设计，所以产品改良设计就应该从考察、分析与认识现有产品的基础平台上为出发原点，对产品的缺点、优点进行客观、全面的分析判断。对产品过去、现在与将来的使用环境与使用条件进行区别分析。

为了使这一分析判断过程更具清晰的条理性，通常采用一种“产品部位部件功能效果分析”的设计方法。先将产品整体分解，然后对其各个部位或零件分别进行测绘分析，在局部分析认识的基础上再进行整体的系统分析。由于每一个产品的形成都与特定的时间、环境以及使用者和使用方式等条件因素有关，因此做系统分析时要将上述因素一并考虑。设计者应力图从中找出现有产品缺点、优点，以及它们存在的合理与不合理的因素、偶然与必然的因素等。

在完成上述工作过程后，我们对现有产品局部零件、整体功能还有使用环境等因素具有了系统全面的认识，那么如何开展下一步产品改良设计也就不用多讲了，只要注意如何扬长避短，如何创新发展，如何将前期研究分析的成果引用到下一步的新产品设计开发中去。产品改良设计是一种针对人的潜在需求的设计，是创新设计的重要组成部分，同样是工业设计师研究的重要课题。

1.3.4 系统设计

系统设计的基本概念是以系统为基础的，目的在于给予纷乱的世界以秩序，将客观事物置于相互影响和相互制约的关系中，并通过系统设计使标准化生产与多样化的选择结合起来，以满足不同的需要。系统设计既包含了对某个系统进行技术设计本身的内容，同时又需要运用系统的思想和方法对其设计过程进行分析、设计。因此除了遵守技术设计的一般过程、原则和标准外，还特别强调以下几点：

（1）以实现系统整体效果为最优目的。

（2）设计好系统的每个元素和子系统。

（3）设计好各元素或子系统之间的协调关系。

系统设计的步骤可以概括为“总—分—总”的设计结构，就是当我们要设计一个系统对象时，可以先将对象分解为一个子系统，分析和确定各个子系统的目标、功能以及它们之间的相互关系和结构组成，然后单独对每个子系统进行技术设计、评价及优化，最后对由完成的子系统作为构件的系统整体进行总体技术设计和评价。

系统设计不仅要求功能上的连续性，而且要求有简便的和可组合的基本形态，这就加强了设计中的几何化，特别是直角化的趋势。汉斯·古戈洛特和迪特·拉姆斯将系统设计理论应用到了产品设计中。1959 年，他们设计了袖珍型点唱机收音机组合（图 1.7），这与先前的音响组合不同，其中的点唱机和收音机是可分可合的标准部件，使用十分方便。这种积木式的设计是以后高保真音响设备设计的开端，同时也是模块化设计的起点。到了 20 世纪 70 年代，几乎所有的公司都采用了这种积木式的组合体系。

图 1.7　袖珍型点唱机收音机组合

第 2 章 设计程序与方法简述

2.1 概述

2.1.1 设计程序的定义

设计程序是完成设计的步骤，设计方法是丰富设计的手段。

设计归根结底是“解决问题”的过程，而设计程序则指引着“解决问题”的方向，设计方法则赋予其灵魂与躯体。通常比较完整的设计程序包含前期调研阶段、创意迸发阶段、草图设计阶段、设计深入阶段、设计实施阶段、设计批评阶段和设计反思阶段这七个步骤。设计程序中包含的步骤在一般设计中都可以用到，但根据具体的设计目标，设计的步骤也有所不同。设计程序规定了设计过程中的各个节点，每完成一个节点就推进了解决问题的进程。最后，整合各阶段的设计元素完成解决问题的目标。

在解决问题的过程中要综合市场、用户、使用体验等各方面的因素，运用设计方法收集设计信息、整理设计思路，加之有效的创意，经过反复的推敲与深入，完成进行设计实施、评估和反思。不论你的设计目标是一颗小螺丝钉，还是一艘航空母舰，每一个设计实践在完成过程中都需要经过这样的流程。

2.1.2 设计程序的目的

设计的目的旨在创造一种美好的生活方式，设计程序与方法的目的则是让设计有规律可循，有方法可用。设计的产品需要人来使用，所以设计首先是以人为本；产品要有好的功能，能够满足用户的使用需求；要有好看的外观，满足用户的审美需求；顺应科技的发展，考虑用户体验和智能交互等方面。工业设计最终的产物是商品而不是艺术品。产品的生产使得设计必须考虑材料和加工工艺。产品需要销售，因此设计还需要考虑营销和市场。设计程序与方法的运用需要在功能、造型、材质、工艺、销售等方面遵循产品设计原理。在人人都可设计的时代，在生活的各方面都需要设计解决问题的时代，设计可以覆盖到社会的方方面面。通过对整个设计过程的实践，设计参与者能够了解产品的不同类别、用户群体的特点，还能够通过运用设计方法和设计思维解决设计问题。

设计本身已经变得十分复杂，把设计只看作是对造型和功能的掌握已经远远不够。设计师要能够制定设计规划、懂得了解目标人群创新生活方式，注重设计体验，将产品与文化相结合，考虑技术可行性、材料可行性、色彩搭配可行性，还要向人们传递美。设计师可以说是艺术家、产品经理、结构工程师、心理学家、服务专家、文化宣传者、营销专家的结合体。设计在今天已经成为一种重要的市场，英国设计委员会针对 1500 个小型、中型和大型公司的研究结果显示，不管何种规模，那些在设计上没有投入的公司正在逐渐走下坡路。许多公司很早就意识到设计将对吸引市场注意力有着重要的影响，消费者的购买归属受品牌的影响，设计能力影响着品牌的差异性，一个在其商品和服务倾注高水平设计的品牌意味着更高的品质。消费者在购物时有自己理性的判断，但是在决定付款时仍然是一个情绪化的行为过程，消费者会有意识地通过产品的搭配来决定和协调自己的生活。设计师通过创造使得产品存在差异性，因而形成不同的产品符号，这是设计师最重要的商业能力。消费者正是通过这种符号的搭配，构成属于自己的专属符号。

随着电子商务、物联网、3D 打印等技术的极速发展，设计公司、设计师和消费者三者的边界越来越模糊。消费者的设计意识越来越强，他们可以根据现有技术将自己的想法通过 3D 打印机生产出来，成为公司的生产者。设计师变换新的角色，成为了给予合适建议的设计咨询者。这样，消费者从源头对设计产生了影响，而不是通过选择购买哪种产品来影响设计。如果这种生产方式越来越普遍，那么设计则会更多地受到消费者的影响。因此，设计程序与方法就可以十分科学与理性地指导大家如何做设计，如何考虑设计，如何产出设计等。设计从不是一件难事，但也不是拍拍脑袋就能做出来的。设计是一个思辨的理性过程，我们只有严格按照设计流程的步骤，充分了解用户、产品和环境三者的关系，充分考虑用户体验、需求、审美等要素，用科学的设计方法指导，就一定会有不错的设计产出。

2.1.3　设计程序的意义与影响

设计的过程不是一成不变的，在熟悉了设计流程之后，设计步骤可以根据需要灵活运用，但是对于初次接触设计的人来说设计是有规律可循的。其实设计一直存在于我们身边，在原始时代，古人拿起石头开始学会使用工具时，设计就已经开始了。设计过程从人与环境的互动中产生，一般被看作是人们塑造环境的手段，设计师逐步对亟待解决的问题进行策略性规划，将设计过程概念化为多个设计阶段逐个展开，每个设计阶段都向最终目标迈进。利用对设计过程的训练，设计师将不熟悉环境下的目标进行塑形，整理为稳定的、熟悉的问题。在追求创新的过程中，也就是在设计最初并不明确设计要实现的最终目标时，可以利用设计灵感和天赋进行各种训练，得到经验化的结果。设计过程可以是随机进行的，也可以是无明确目标的，但设计过程需要依赖每一个设计阶段，因为阶段中的每一步都有引发后续每一步的可能。设计不是异想天开的创新，设计思维可以通过适当的方式激发。

本书我们从了解市场调研开始，积累平时的经验，归纳设计流程所涉及的因素，希望可以给予设计参与者思维迸发的阶梯，让他们了解设计，热爱设计。

2.2　前期调研阶段

2.2.1　市场调研

设计的市场关系着设计的前沿和未来，设计师要有前瞻性的眼光，要根据自己的设计目标了解市场，选定自己的设计范围，如果只是盲目的设计而不准确定位产品的市场，即使该设计再完美无瑕也无处销售，设计最终成为一场空。

整个消费市场根据产品的种类可以分为电子产品市场、家电市场、家居市场、服装市场、玩具市场、数据市场、服务市场等。

在电子产品市场中，注重的是新技术的研发和品牌产品的塑造。近年来，智能手机的外观和功能不断发展，屏幕越来越大，由大屏发展为全屏甚至双面屏，功能上逐渐增加，手机拍照可以达到与照相机相同的效果。同时，智能手机还能与家电产品通过网络实现远程操作，构成物联网，使电子产品市场与家电市场密不可分。手机能够遥控电饭煲煮饭的时间，随时随地控制电饭煲，回到家就可以吃到可口的饭菜。做饭时遇到不会做的菜肴还可以扫码获得做菜的步骤，做完饭之后还可以将丰盛的饭菜上传网络记录和分享自己的生活。电子产品和网络逐渐改变着我们的生活方式，电子产品市场的发展影响着我们的生活。随着5G时代的到来，网络可以灵活支持不同的设备，除了智能手机、电脑能够联网之外，可穿戴设备、智能家庭设备、鸟巢式恒温器等也会被支持使用。电子产品中可突破的机会较多，既要掌握现有的科学技术，也要时刻关注正在发展的前沿科技。设计产品时要考虑技术的可实施性，避免出现产品技术滞后的情况。电子产品市场更新换代较快，技术层面要求较高，需要我们及时了解科技的发展，了解产品发展的方向。

家电市场包含的产品种类丰富多样，我国的家电市场通过20年的发展，逐渐走向成熟，市场需求也从必需品消费转向可选性消费。冰箱市场和空调市场已经步入成熟阶段，空调市场得到普及，厨房市场渐入佳境，小家电市场成为家电市场最具发展潜力的部分。小家电一般是指除了大功率输出电器以外的家电，这类家电占用较小的电力资源或是机身体积较小。中国的小家电市场现阶段还处于成长期，小家电的种类和数量还处于持续增长的阶段，随着技术更新和需求的增加小家电市场还有较大的发展空间。小家电按功能可分为厨房家电、居家环境产品和个人护理产品。随着国民经济的发展，人们对生活品质的要求会越来越高，小家电主要就是满足人们对生活品质的需求，帮助人们提高生活质量，节约时间，满足高效、舒适、高质量的生活需求。在厨房产品市场中，小家电的种类主要包括：面包机、咖啡机、洗碗机、电烤箱、煮蛋机、榨汁机、破壁机、豆浆机、电磁炉、电水壶、电饭煲、电压力锅等。在家居环境产品市场中，主要有净水器、空气净化器、加湿器、吸尘器、智能马桶、扫地机器人等。在个人护理市场中，包括电动牙刷、洁面仪、电动剃须刀、电吹风、直发器、卷发棒、电动按摩椅、按摩小电器等。相比于发达国家，我国小家电市场保有率普遍处于空白期，具有庞大的发展空间。小家电市场发展到现在，我们可以发现传统的豆浆机被无人豆浆机代替，家用榨汁机被可随身携带的榨汁杯代替；传统的榨汁机被功能更强的破壁机代替。如今人们追求更加健康、高效的生活方式，小家电产品能够满足人们对高质量、高水平生活的需求。因此，在小家电市场的大好前景下，要把握当代消费者的使用需求，关注具有发展潜力且规模处于导入期的产品。这就要求设计者多关注消费者在生活中的迫切需求，在功能选择和使用流程方面趋于个性化的考虑，抓住小家电市场中的痛点，解决痛点需求。现在居住空间的压缩是正在变化的居住趋势，居住空间是小家电的生存环境，所以小家电产品应更多地考虑功能的复合，将使用流程压缩到最简，使用方式达到最高效，提高产品的使用效率。

家居市场涉及我们生活中的家具以及居家生活用品，家居产品种类较多，可以分为办公家居、生活家居、厨房家居、学习家居、洗浴家居等。家居产品几乎能够涵盖我们生活、学习、工作、娱乐的方方面面。由于家居产品的种类比较细，所以在市场调研时要准确定位家居市场，更加细致地定位该市场的方向，从而能够缩小市场调查的范围。家居市场的细分需要我们对生活更加了解，在调查中你会发现各种各样的生活方式，也是对人群和全新生活方式的探索，正因为我们不能以其他人群的方式生活，所以我们通过调研的方式体验和了解我们不曾接触的消费市场。家居市场的产品弹性非常大，种类丰富，设计点非常多。这既是市场的优势，也是市场带来的难点，优势是设计可发挥的机会点多，难点就是家居市场产品丰富，更新换代快，产品冗杂，想要在众多产品中脱颖而出，困难更大。在家居市场的调查中需要更多地对比市场中产品的特点，广泛地了解市场产品特点与销售的关系。

在进行市场调查时，我们要搜集和拍摄大量的图片作为记录和保留，并对收集的资料认真整理。设计是一件细致的工作，设计进行中涉及的资料有很多，若不及时处理，就会在最后的使用时无的放矢，因此事情要按部就班才会井井有条。随着时代的发展，现在的市场可能会成为传统市场，也会有新兴市场崛起。我们要用发展的眼光看待市场、审视市场。设计是需要过程推进的，因此在调查过程中要把握市场动态和未来发展的方向，产品从设计到投放市场有一定的周期，如果新的产品设计在生产出来后就已经落伍了，那产品的销售肯定会受到影响，所以要用持续发展的眼光对待市场，对待设计。

2.2.2 产品调研

在确定设计目标之后，产品调研是了解当前产品的发展现状和现有产品的特点，从中汲取灵感的不可缺少的环节。产品调研的形式一般有网络调研和实地调研两种，互联网的发展使得网上购物成为各年龄段人群都会使用的消费方式，淘宝、京东等购物平台为我们网上调研提供了多元的平台。当明确调研产品种类时，可以首先通过网络商品的搜索得到该产品种类的设计趋势、造型特点、配色方案、材质工艺、价格成本等，得出一个目标范围。另外，网络购物平台会按销量提供排序，能够清晰地了解到当前大众的购买倾向。网络市场调研也有一定的缺陷，我们只能通过图片获取信息，调研信息的全面性和真实性难以保证，不能像实地调研一样通过直接触摸和实际操作来感受产品的操作方式、使用触感和工艺细节。针对日常用品，实地调研一般是指走进大型主题购物市场进行调研，根据设计需求的不同，所调查的购物市场也不同，大致可分为家居类、家电类、运动类、洗浴类、灯具类、综合类，根据设计目标的不同需求定位市场类别进行产品调研。在产品调研过程中要观察市场产品的创新点，作为一名设计人员要有敏锐的洞察力，注意到每一款热卖的产品设计的独到之处，明确所调查产品包含的功能，该类产品的造型特点及其造型发展趋势，产品最普遍使用的材料以及产品所表现的视觉与触觉感受等。需要注意的是，在调研过程中需要进行记录和整理，方便给下一阶段提供灵感。

2.2.3 用户调研

不同的产品适用的人群不同，在体验经济到来的时代，“以人为本”“用户体验”“用户高度参与”等理念已经逐步深入人心，用户的角色也具有多元化的特点，因此用户调研就尤为重要。了解产品适应人群的特点能够更好地让产品为人所用，让产品去适应人，而不是人去适应产品。设计师要站在用户视角，从用户的思维来进行思考，用户思维包含用户的生活习惯、消费方式、使用经验、使用评价、服务感受等。用户的生活习惯是指用户在何种环境下使用何种产品的习惯，用户更需要满足的需求是什么。用户的消费方式是指用户所能承受的消费范围，集中消费的产品种类有哪些，容易冲动消费的机会点是什么。用户的使用经验是指在创新使用方式时以用户为中心，对目标用户进行研究，始终做到产品为人所用。用户的使用评价是指及时对用户的反馈进行产品的升级，关注目标用户对产品的使用期望，不断优化产品为用户带来更顺畅的使用体验，提升体验感。用户的服务感受是指从服务角度了解用户的感受和建议，从服务流程优化产品设计。

用户调研的方法主要分为定性研究和定量研究。定性研究主要是通过调查用户来确定需要解决的问题，而定量研究则是通过大量的数据去验证这些问题是否是用户需要解决的问题。在用户调研中可以采用的方法有亲身体验、资料搜集、访谈、焦点小组、观察、用户体验地图、用户旅程图、服务蓝图、问卷调查、大数据、专业人士调查等。具体如下：

（1）跑步机的设计就以采用亲身体验的方法，跑步机的适用人群比较广泛，设计师本身也是跑步机的使用人群，可以作为跑步机的用户。设计师可以亲身体验多种跑步机，同时记录使用感受。还有一种亲身体验的方式就是角色扮演，也是我们常说的模拟目标用户，根据目标用户所具有的特点，通过道具装扮成目标用户进行感受和体验，如说模拟孕妇进行日常的爬楼梯、弯腰、洗衣等活动，从而真实地体验孕妇的感受。

（2）资料搜集的方法可以通过网络、书籍等搜集目标用户的性格特点、消费特点、兴趣爱好、时代特点，从多方面了解目标用户。

（3）访谈是直接访谈产品用户，可以调查用户的色彩喜好、风格兴趣、对产品的期望值等，这种方式可以作为设计的参考，但经常遇到被调查的用户对现有产品很满意的情况，或者对访谈者有所保留，导致调查的结果的有效性大打折扣，这就需要设计师注意访谈时的语言艺术。

（4）焦点小组就是多人集体访谈，大家聚在一起围绕一个共同的话题展开讨论，畅所欲言，发表对产品的使用经历、产品建议等，是一种更高效的访谈法。

（5）观察是最简单常用的用户调研方式，通过观察用户的使用过程，了解用户的使用习惯、使用顺序和错误频发区，在观察用户时要注意信息的记录，而且要有耐心和注意力，不能以偏概全或主观调研。

（6）专业人士调查是通过与目标用户接触较多的专家群体询问经验，例如在调查老年群体时，我们与某医院的保健康复科医生沟通交流，专业人士在与目标群体接触时能够较敏锐地把握该群体的需求，而且专业人士提出的建议往往包含设计人员接触不到的专业知识。这样的交流和沟通搭建起设计师与用户的桥梁，专业人士能够为设计师指明用户群体最急需解决的使用需求。

在用户调查过程中，要根据实际情况采取多种方式进行调查，而且要反复验证调查的真实性。在体验经济时代，用户以产品为纽带形成一条关系链，用户会分享产品购买过程中的感受、体验和想法，只有透彻掌握用户的喜好才能为创意迸发阶段奠定坚实的用户基础。

2.3 创意迸发阶段

2.3.1 调研总结

在前期调研阶段已经进行了资料的收集和整理，调研总结阶段需要将调研的产品再进行分类整理，总结该类产品所遵循的设计原理和设计法则，并最终形成报告。根据调研总结，探索产品与用户、产品与环境、产品与使用流程之间的关系，为设计痛点提供设计思路，同时采用不同的设计方法帮助整理设计思路。

2.3.2 提出设计痛点

在调研过程中我们通过设计的发展点、创新点和问题点，延伸发现设计痛点。发现的痛点要及时记录，把能够想到的所有问题都罗列出来，再仔细考虑当前最值得解决的是什么。设计痛点的提出是设计过程中连接前期调研和后期解决的“桥梁”步骤，只有痛点抓的稳准狠，设计才能触动人心，设计的产品或服务才能真正满足用户的需求，做到为人所用。设计师也是设计的消费者和使用者，因此设计师在消费和使用产品时应该能够更加敏锐地感知设计中的痛点。设计与艺术不同，设计是对生活的意义进行阐述，艺术是触发一种新的精神境界。设计的本质是为人服务的，设计师应该学会生活，在生活中才能更深刻地体会到作为使用者在使用过程中是被设计所感动，还是受设计所困。如某品牌蛋黄酥包装加说明书设计，说明书分为四层，每一层代表蛋黄酥的一道工艺，看完说明书就完全了解了蛋黄酥的制作过程，既有新意又有趣味性。

在生活中遇到使用不通畅的设计应及时记录，从生活中积累设计的问题。即使问题不能马上解决，但也可能成为未来设计道路上的灵感提示。设计源于生活，不同的生活环境需要不同的设计，作为设计师应该探索多元化的生活领域，在设计遇到瓶颈时不如先学会生活，在涉猎不同的生活领域时，先去体验生活。假如你要为卖糖葫芦的人群设计一款售卖车，就要深入了解糖葫芦售卖者的生活，包括售卖地点的环境条件，现有的售卖方式的需求有哪些，售卖时有哪些困扰售卖者的问题等。你可能还需要陪着售卖者在广场上卖上一阵子糖葫芦才能体会到售卖者的需求。在为我们平时不会了解的生活做设计时，主动去体验是找出设计痛点的最直接的方法。体验生活，在生活中感悟设计，是对生活最大的尊重。

痛点可以是极小的设计点，只要是能够解决问题的点就算再小也是极有价值的。从不同的方面考虑，则会发现不同的痛点。从产品结构方面提出痛点，通过不同的结构实现功能优化。从使用方面寻找痛点时，可以将设计使用过程中的相关者列举出来，明确产品是如何和使用者进行互动的，从而找出设计漏洞。再者从使用者本身出发，找到新时代中使用者的痛点，提出全新的使用产品。从用户方面考虑，用户性格决定了用户使用产品的性格，每个时代人的性格不同，抓住用户的性格痛点也就抓住了产品的性格方向，能够更加准确地符合用户购买需求。从造型中寻找痛点时，要观察产品人机工程学涉及的内容。产品的最终尺寸要与使用者的身体尺寸相符合，产品的高度、宽度与用户的身高、坐高相匹配，产品的直径与手抓握力相匹配，产品的按钮与使用习惯相匹配。在寻找痛点时，还可以考虑产品与环境的关系。例如目前家具产品的设计主要用户是 90 后人群，90 后的居住环境一般是空间较小的公寓。在这种情况下，环境与产品的迎合度就是极大的痛点。另外，从产品的细节上寻找痛点，增加产品的文化底蕴和情感需求，拥有文化底蕴的产品会讲故事，更能打动人心。在商品经济的时代，不仅要有好的创意还要有好的品质，要有品质作为创意的保障。在产品的包装设计方面寻找痛点时，要考虑包装的运输、安全、空间利用率，还要考虑包装的辨识度、色彩搭配等。

关于“用户体验设计的痛点”的文章中曾描述了微信红包通过创造痛点来达到商业目的的例子。微信红包帮助微信解决了用户捆绑银行卡门槛过高的问题。没有捆绑银行的用户将红包里的钱暂时存在微信钱包中，当收到的红包逐渐增多，想要把钱提现的“欲望”越来越强烈，这种“欲望”达到一定的临界值时，用户就会尝试绑定银行卡，将钱转出，得到实现欲望的满足感。微信创造了一种生活方式，在满足基础的通信与联络的功能外，还有社交的成分，微信红包成为过节的时尚行为，痛点的积累形成创造商业目的的合力。

不同的设计案例中需要解决的设计痛点数量不同，痛点提出方面也不同。相同的是痛点都是解决问题，使设计更加优秀的关键点。提出切实可行的痛点问题，会使你的设计更加有新意。在寻找痛点过程中难免会遇到没有思路的时候，设计方法在寻找痛点时可以帮助理清思路，也会带来一定的启发。

2.3.3 提出设计方案

提出解决痛点后就需要集中解决痛点问题，寻找设计方案。一般在初步考虑设计方案时会出多个设计方案，想出不同的方案来解决问题。问题的解决方式是多样化的，相同的问题也可以通过多种渠道进行改变。例如在解决老年人洗澡的问题上，解决老年人洗澡舒适度的痛点就可以通过多种方案解决。第一种方案是老年人浴缸，因为老年人身体原因，不能接受太强刺激的水流冲击，所以可以设计一款适合于老年人的浴缸，满足老年人的洗浴特点。第二种方案是环绕式冲洗淋浴间，淋浴间内设置座椅，座椅周围从全方位喷洒出细小的水珠，帮助老人湿润身体，喷洒泡沫清洗剂帮助老人清洁身体，洗浴完成后还可以烘干身体上存留的水珠，防止老年人走出淋浴间后由于温差原因着凉。第三种方案是洗浴座椅，老年人坐在洗浴座椅上，打开开关即可从左右两侧喷洒出柔和的水流，辅助老年人洗浴。由于老年人的腿部不适合长时间站立，座椅可以保证老年人洗浴过程的安全性，扶手两边的喷头喷水辅助老人完成洗浴过程。第四种方案是通用淋浴设备，以方形环绕管为淋浴管，可以从上面、左面和右面三面出水，方形环管可以将老人包围在内，老人只需要坐在环管内部，遥控调节淋浴管到合适的位置，就可以完成坐姿洗浴的整个过程。水流温和地从三面喷出，淋浴设备还配备花洒，可以完成淋浴的多种需求。方形环绕管可以控制到指定位置完成正常的站姿洗澡，是一种符合全家人洗浴需求的通用设计。第五种方案是将淋浴设备赋予移动功能，方便老人坐姿洗浴。洗手盆和马桶也可增加移动功能，成为可移动洗浴间，方便轮椅使用者完成洗浴过程，也是一种通用设计。设计方案的提出不像是数学解题只有一个正确方案，从不同的角度出发就会有不同的解决方案。没有哪一个是正确答案，只要是能够解决问题就是答案。设计的答案没有对错，只有哪个方案更适合，在现阶段除了考虑解决问题之外，通过设计的美学原则、经济性原则、人机交互关系、加工可实现性、材料环保性、材料可回收性、运输成本、用户体验度等多方面考量后得出一个最优解决方案。

在提出设计方案的构思过程中，可以有天马行空的无数想法作为设计方案。在不同的时代下，设计方案会不断更新，永远会有不断更新的解决方案。设计有延绵不断的生命，新的技术会注于设计新鲜的血液，设计思想会赋予设计不同的灵魂，时代的发展会带着设计一同成长。设计是将对问题的深入思考有意识地运用在物体和行为中，设计的目的不是创造出什么，而是让人们感受到什么，感受到设计师的设计理念，感受到设计师想创造的生活方式，感受到设计师给生活创造的趣味。设计的一切语言最终凝聚在产品之中，为人所用，传递设计师所想表达的语言。方案的提出不在于全新的创造，而是将日常生活中的资源当作财富去使用，用设计的精心来解决生活中的小问题，小设计也能够大放异彩。

在提出设计方案的过程中，不要局限于自己的思维。一个痛点问题，不能只考虑最直接的解决方法，与痛点问题有关的各个方面都是解决问题的突破口。解决喝水这个问题，你会想到什么？设计一个水杯？要是设计一个水杯，你又会想到什么？如果解决喝水问题就只想到水杯，解决水杯问题就只想到造型，这样的思维太局限了。以前我们只考虑做杯子的造型，考虑人机工程学。现在的设计是一种服务，喝水问题可以理解为解决口渴的问题，可以考虑让人们怎样喝到健康的水，让用户享受喝水的服务。喝到健康的水可以从水的源头解决，也可以从水的运输过程或对水的检测解决。享受喝水的服务可以是一套饮水服务系统，也可以是一套身体健康提示系统。在提出方案的过程中，我们一是要学会解决真正给人们带来不便的痛点问题，以创造新价值；还要学会保留痛点问题，发挥痛点的作用。

在提出方案时，每个方案都要细心推敲。不要有侧重地简化某个方案的思维过程，也不要对哪个方案偏爱而着重推崇哪个方案。有时候我们的想法可能会集中考虑一种解决方法，而忽略了其他的解决方法。我们对待设计方案应该一视同仁，对每个方案都应该有细节的推敲。设计团队在方案提出过程中的合作十分重要，一个人的思维是有限的，但是团队的思维可以碰撞出不同火花。每个人的生活经历不同，考虑问题的方向有所不同，每个人擅长解决的问题也有差异，解决问题的侧重点也会不一样，在一个人绞尽脑汁没有对策的时候，团队的力量是巨大的。团队成员要做好协作，每个人大胆地提出见解，向大家展示自己的想法，团队之间合力推敲研究方案。勒庞在《乌合之众：大众心理研究》中说过：“群体就像是一个活的生物，它有自己的感情，有自己的思想。”对一个团队来说，团队成员更像是一个个体，有优秀的特征，有自己的思想。在方案提出时，每个人都有阐述自己想法的权利，在团队成员阐述想法时，要有耐心，有不同的建议或者想法要及时记录，待最后讨论的时候再交流想法。

方案的提出是设计流程中展示设计结果的一步，在这一步中从多角度寻找解决方案，用设计语言传递解决问题的想法，进入草图设计阶段会从设计方案包装，更加完整地将想法展现。

2.4 草图设计阶段

2.4.1 产品形态设计

形态，即形和态，形是事物的外观形状，是平面维度的展现；态是事物存在的现实状态，是三维的展现。形态设计是建立在二维形状基础之上的，包括三维姿态和结构的设计。每一件实物产品都有其特有的形态，产品的形态设计是产品与消费者沟通的语言媒介。产品的形态设计直接决定了它的外观，而外观则是用户对产品主观感知的主要来源。形态设计将设计元素遵循美学原则展示出来，创新的形态冲击着消费者的视觉，消费者通过形态设计所传递的感受与他们的需求和期望值进行比较。如果其传递的感受与期望极大吻合，则该产品就是合适的、舒服的。

产品的形态设计与产品的功能识别、操作方式识别、价值识别息息相关。形态的设计可以提示使用者该产品具有的功能。在人类的发展进程中，我们对产品存在潜意识的认知。设计师、用户、产品之间存在一种默契，有容积的产品形态就会有“可装”的功能。看到有外壁保护中间掏空的形态就知道该产品有一定的容积，有装东西的功能；看到孔的形态就知道该形态可插或可穿过。形态设计传递产品的使用方式，把手的形态传递人们可以抓握的使用方式，瓶盖形态设计的不同也传递了不同的使用方式。旋转方式打开的按钮瓶盖与瓶身是分离的形态；按压方式的瓶子有一个按压泵的设计。当产品形成品牌后，同品牌产品的形态设计之间存在一定的关联性，这就是形态语言，形态设计之间的关联性就能够传递与价值识别相关的信息。例如宝马轿车的风格就具有鲜明的特点，圆形灯具搭配矩形水箱通风栅架构成的形态设计成为宝马车的价值识别系统。无印良品产品与其包装都极为简洁，色彩以黑、白、灰、米色为主；小米生态链的产品智能与非智能产品形态都以简约为主。

产品的使用功能影响着形态设计，因为需要不同的形态才能完成不同功能的实现。在 PH 灯的设计中，为了让灯光更适合照明使用，灯光必须经过一次反射再到达工作面，避免产生清晰的阴影，为了实现这个功能，PH 灯的形态发生了改变。产品之间因为功能的不同产生了形态的差异，鼠标和鼠标垫由于需要完成不同的功能，因此形态也存在极大的差异。在功能相似的产品中功能的增减也牵引着形态的变化。以鼠标为例，数据线充电鼠标和电池充电鼠标实现功能的方式不同，其形态和结构也会有所差异。手握式鼠标从人机工程学方面考虑，探索了新的鼠标形态。另外，鼠标如果增添了灯光显示功能，其形态设计方面也会发生相应的改变来适应该功能。审美的价值取向也影响着形态设计，不同的形态变化能够体现不同的风格，冷淡风格的产品形态一般为简单的几何形或是几何形状的拼接，没有复杂的装饰，色彩上也多以黑白灰为主。与之相反的洛可可风格常采用不对称的手法，体现细腻柔腻的风格特点，常采用弧线和 S 形曲线，在装饰方面也较为复杂，贝壳、山石、花草等形状缠绕成为一体。

形态设计的灵感可以来自于自然，自然是一切创造的源泉，人为形态是自然形态的抽象与具体。人们通过对自然形态的模仿与创造，创造了许多人为形态。现在的设计中我们也经常强调仿生设计。仿生设计追求自然与人类、艺术与技术、传统与创新、主观与客观等多元素的融合，体现与自然融合的美学观。能够仿生的角度有很多，最常见的是生物形态仿生，还有肌理质感仿生、生物结构仿生、生物功能仿生、生物色彩仿生。生物形态仿生是对自然生物形态的利用和变形，在动物、植物、微生物等特有的形态的基础上，寻求对形态的认知和创新。在形态仿生的过程中，我们一般推崇对形态的变形设计。在自然形态启发的基础上，通过线条、结构的变化，选取生物具有利用性的形态，抽象生物本来的形象，结合产品的使用功能，更加符合人类的审美和使用。肌理质感仿生是使产品的形态表现具有深层次的生命意义，充分利用生命体表面的肌理和质感进行仿生。肌理与质感不仅是视觉和触觉的感觉，更代表某种功能的需要，其丰富性能够增强产品形态的表现力。结构仿生是通过对生物由内而外结构的认知，结合产品本身的设计概念与目的进行结构的创新，使人类产品具有自然生命的进化结构。生物功能仿生主要研究生物的功能原理，从而对产品的功能给予一定的启发。生物色彩仿生也是我们研究色彩的常用方式，大自然的创造能力是无穷的，我们可以从自然界的色彩搭配中充实自己的色彩。黑白分明、青山绿水、蓝天白云、红花绿叶都是自然创造的搭配。色彩就是一种语言，不同颜色诉说着不同的感受。在色彩搭配时，还要充分考虑到色彩本身表达的意义与使用者的心理需求是否一致。比如很多城市的斑马线设计为橙色甚至是红色，而红色代表着热情、冲动和激动。人们站在红色的斑马线上就有一种向前冲的感觉，并不能与人们需要在斑马线上等待的心理需求相符合，因此这样的色彩选择就需要慎重。

形态设计的灵感还可以来自于基本几何图形的组合与变形。千变万化的形态都可以拆分为基本几何图形的组合与剪切。基本的几何图形有：三角形、圆形和正方形。基本几何形图形的形态构成法则有：单一图形的变形法、不同图形的加减法、对比与统一、秩序与韵律、尺度与比例。将单一的图形根据产品所需要的功能尝试从规则图形到不规则图形的变形。在形态的变形时，要对产品的功能进行思索，变形后的形态在满足形态创新的同时，形态也要满足产品的功能需求。在进行产品手绘的练习时，经常使用几何体加减组合的方式进行手绘图的绘制。在加减过程中，可以进行多次不同的尝试，想要得到创新的形态并非一件易事，在形态设计时可以多研究此类产品的形态发展历史，与其他不同种类的产品之间相比较和借鉴，再重新审视几何体之间的加减组合，可能会产生不同的创意。对比与统一是指一个产品中出现多类几何体时，要把握整体的统一性，不同几何体之间既是独立的又是相互统一的。这样才能保证产品的整体形态是融合的、舒适的。几何体的排列组合要有秩序与韵律，根据产品的使用特点、认知特性，可以采用对称、重复的方式实现产品的节奏与韵律。另外，黄金比例、三等分、网格和分区规律是设计中常用到的比例。

形态设计也可以是语意文化产品和品牌文化的体现。产品形态是文化的载体，产品是文化的物化形式，产品体现着人类的生活态度和方式。中国四合院（图 2.1）的建筑形式就体现了当时的等级观念，“四”是东、西、南、北四个方位，“合”是四面房屋围在一起形成“口”字形。四合院中间为庭院，四周屋门都朝向庭院。庭院内可以种花种树、饲鸟养鱼，是四合院的中心，院内也是通风、纳凉、休息、穿行的场所。四合院既是休息居住的场所，也是分享自然景色的院落。四合院院落分为三进：“口”字形为一进院落；“日”字形为二进院落；“目”字形为三进院落。家庭伦理道德和宗法制度在四合院中都有体现，住宅的功能与礼制融为一体。多套四合院就成为了规模较大的王府，中国最大的四合院就是故宫，是礼制最充分的反映。中国古代存在宗法制度，宗法制度是以血缘关系为联系，共同崇敬相同的祖先，在内部区分尊卑长幼，规定继承

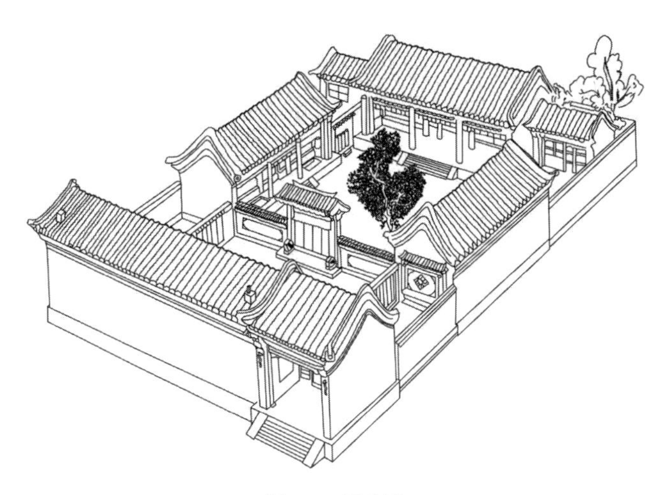

图 2.1　四合院

秩序，根据不同的地位担任不同的职责，拥有不同的权利。宗法制度有两个原则：一是嫡长子继承制，嫡长子是唯一具有继承父亲地位的人。二是在宗族内区分大宗、小宗，以正嫡子为宗子，宗子具有特权，宗族成员必须尊奉宗子，大宗对小宗具有统辖权。四合院将建筑和文化完美地融合在一起，以“北屋为尊，两厢次之，倒座为宾，杂屋为附”的顺序规定居住。父慈子孝、夫唱妇随、长幼有序的道德观念在建筑中得以体现。正院的正房是主人住的，是老爷、太太住的；正房后面的一排房子是后照房，是少爷、少奶奶住的。还有外院的倒座房是下人住的，东南角上一般是厨房。为了标注辈分不同在家地位的不同，四合院的北屋、东屋、西屋的尺寸和高度也有一定的差异。正屋是全院最高、面积最大的房间，以基台柱石增加其高度，突出正屋的主体地位。四合院中间的庭院位置是一个调节居住空间的场所，整个四合院的设计体现了中国古代“天人合一”的思想，体现了人与自然、精神与物质、创造与保留的统一。走进四合院首先要过正门，打开正门后看到的是影壁，影壁有遮挡视线的作用，即使敞开大门，外人也不能直接看到院落内部，烘托了院落的氛围，增加了住宅的气势，也体现出中国人含蓄的性格特点。走进院落迎面而来的是垂花门，垂花门的两个前檐柱悬在半空，两个倒垂下的柱头雕有莲瓣、串珠或石榴头，像极了含苞待放的花蕾。踏进二进院落时，要过抄手游廊后才能走进内院，四合院的院落结构回旋曲折，无论是装饰结构还是居住方式都与当时的文化制度和思想观念密切相关。

2.4.2 产品功能设计

产品功能是指产品所具有的一种行为模式，通过功能产品实现功能目的。产品能够满足使用者现实需求和潜在需求的属性为产品的功能。产品是功能的载体，相同的功能可以通过不同的载体来承载。产品功能的改变可能会牵动载体的变化，但在功能不改变的情况下，载体也可随意变化。在功能的分类中，按功能性质分为使用功能、美学功能、潜在功能。在产品的功能设计中，可以分为专一功能设计、多功能设计及模块化功能设计。专一功能设计是指产品除了能够完成美学功能和潜在功能之外，专注完成一种使用功能。产品的功能都是由单一的功能开始的，多功能产品也是由单一功能累加实现的。通常我们接触到的单一功能有：储物、照明、承载、书写、取暖、出风、清洁、粘贴、阅读、悬挂、刀切、震动、连接、捆绑、挤压、涂抹等。单一功能在设计时也可有不同的用心，用几根木棍完成的衣架设计（图 2.2）只满足了承载衣物的功能。但是，通过对木棍的穿插，可以满足对衣物、书包、帽子等多种物品的承载。单一的功能设计也可以是丰富的，单一的功能更多地需要创意来丰富功能的表现。

图 2.2　红点奖作品：NUDE 衣架设计

多功能设计是指在一个产品中能够满足多种使用功能。在单一的功能满足不了用户需求时，多功能产品随之产生。将多种功能集于一个产品中，可以省去使用多个产品的繁杂。例如电子血压仪的设计不仅会显示血压数据，还会显示脉搏和心率数据。血压和脉搏心率本就是互相关联的健康数据，将这几种功能结合在一起能够提高健康数据检测的效率。还有些电子血压仪设有高血压报警功能和记忆近期血压数值功能，这种功能属于深入考虑适用人群后增添的功能。另外，血压仪充分考虑到用户的使用需求，还设置了显示日期和时间的功能。铅笔与橡皮的功能组合也是我们熟知的多功能设计，铅笔的末端有一小截橡皮，使得铅笔可以完成橡皮的使用功能。瑞士军刀可以将 81 种功能全都通过一把小刀完成。除了可以完成不同刀子的功能，还可以完成改锥、开瓶器、牙签、尺子、圆珠笔、放大镜、钳子、高度计、温度计、照明灯、剥线槽、扳手、倒计时的功能。笔记本设计中设计存放笔的功能，解决了拿着本子却忘记带笔的情况。现有的空气净化器多为多功能设计，除了净化功能外还设有显示空气质量等级、儿童锁的功能。在智能互联网的时代下，空气净化器与智能手机相连可以完成远程查询室内外空气质量、空气质量历史数据、滤网寿命、提醒滤网更换等功能。多功能的设计可以是两种功能的设计，也可以是多种功能的设计。功能的数量取决于产品所要体现的价值，功能的数量并不是衡量产品好坏的标准。功能设计的数量受用户的使用需求、技术水平、成本和设计经济性原则的影响。能够满足用户特定条件下使用需求的使用功能就是有效功能，充分发挥有效功能的属性才是功能设计的本质。多功能一体机是多数产品的发展趋势，多功能能够吸引消费者眼球，让消费者有一种物超所值的消费冲动。我们在多功能产品的设计时，要充分考虑多种功能搭配的合理性，让用户能够最大程度地使用所有功能。我们要在使用说明书上明确罗列产品的使用功能和操作方法，注明在何种情况下使用何种功能为最佳，防止用户产生功能不能合理化使用的抱怨。

模块化功能设计指通过部件组合形成的功能设计，单一的部件有对应的功能，组合成新的产品后仍具有一定的功能，也可通过模块化零件的组合形成新的产品、新的功能。模块化功能设计是通过模块的组合，实现功能的多样化。模块化功能设计可以根据消费者的喜好和现实需求选择合适的模块，积木和七巧板是最简单的模块化设计，通过自由组合能够完成不同造型的变化，实现不同的功能。在模块化家具设计中，通过木板与垫子的折叠摆放，可以实现椅子、沙发和床的功能。在模块化音响设计中，多个音响重叠后可以作为大音响使用，单个音响分开后可以达到全方位的听觉效果。模块化的设计使得用户在使用产品过程中能够参与产品组装，用户参与性大大加强，提高了用户与产品的亲密度。模块化功能设计可变性较强，能够更好地让用户根据自己的喜好、需求的变化随时调整产品的功能。用户还可以根据自己的消费能力有选择性地购买模块产品，给予消费者更大的选择空间。在模块化健身器材设计中，一套健身器材结合了健腹轮、俯卧撑支架、哑铃和跳绳的功能（图 2.3）。利用连接杆与其他零件组装实现健腹轮、俯卧撑的功能，俯卧撑支架底部可拆卸后与跳绳功能结合，实现产品模块化功能设计。

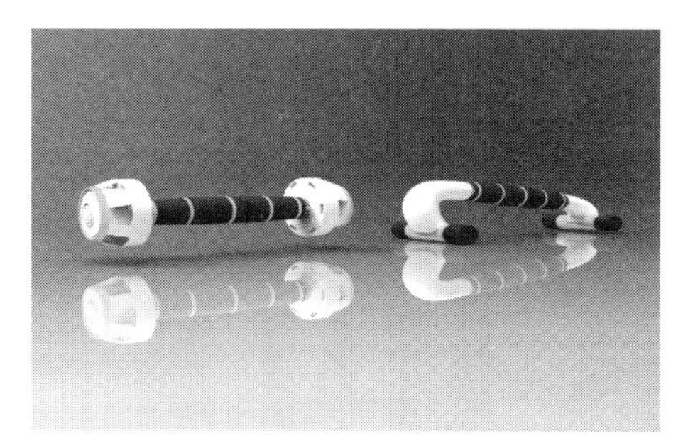
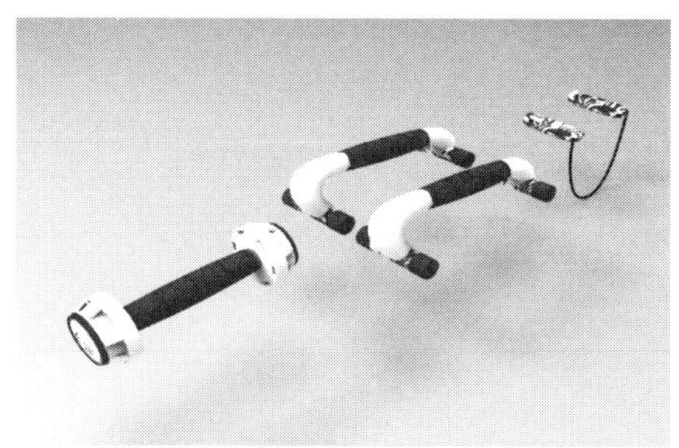

图 2.3　模块化健身器材

功能设计是产品能力的体现，设计师在对产品赋予功能时要确认该功能是否能对应需要解决的痛点问题，还要恰当考虑产品功能的承载量。能够用一个功能解决痛点问题的就用一个功能解决，要想使该功能更加出彩，可以在结构、形态方面进行改变，使单一功能变得更加丰富。

2.4.3　产品材料设计

在了解产品材料设计时，我们首先要了解一下 CMF 设计（图 2.4），CMF 是 Color -Material-Finishing 的缩写，是颜色、材料、表面处理的概括。对于 CMF 设计来说，首先是色彩的设计。CMF 设计师也是一名色彩设计师。C 即 color 的缩写色彩是视觉信息中最直观的信息，视觉是人类最初的感觉，通过视觉人能够感知外界物体的大小、明暗、颜色、动静获得有效信息，有 80% 的外界信息由视觉获得。色彩关乎情感因素和心理因素，还是消费者购买决策时的影响因素之一。色彩有一定的目的性和功能性，从视觉上能够定义产品的不同功能，色彩是时尚的表达者，色彩能够表达丰富的故事性，色彩是感性的，也是理性的。在色彩的运用中，不仅是考虑产品的用色，还要考虑产品的趋势色，产品的色彩要与造型、品牌、材料相匹配。可以多浏览一些设计网站，关注每年的流行色，欣赏优秀作品中的色彩搭配方法和技巧。M 即 material 的缩写，新材料的出现从某种程度来说决定了设计的进步和更新换代的速度，新材料可以为设计实施的可行性创造有利条件，可以为新的结构和形态带来灵感。产品材料的选择大多情况是不同材料之间的组合与搭配。材料的发展速度很快，通过日积月累，设计师不断积累材料经验或者去寻找新材料。MC 新材料图书馆是世界上唯一一所具有全球背景的创新材料咨询服务机构，也是世界最大的创新材料、可持续材料集成与应用的图书馆。MC 的创始人指出："我们促使设计师、建筑师和材料选择专家们思考：他们如何通过材料，尤其是此前他们从未采用过的新材料，使他们的设计变得更轻便、更明亮、更时尚、更牢固、更防刮、更健康、更耐用、更环保，而不再依赖非可持续性的材料。而在一名充满灵感的设计师手中，材料完全可以使我们的产品变得更美观而更富创意。"在 MC，能够看到 6500 余种世界最新、最前沿、最自然环保的新材料，为了保证材料数据库的不断完善，每个月还有 50～60 种一流的新材料严格挑选后进入到 MC 的材料数据库。F 即 finishing 的缩写，表面处理是由材料处理所带来的光泽、色彩、肌理上的变化，通过表面处理最终在材料层面创造新的可能性，满足人们对美学的需求。表面处理对增强产品的美观性、人文性、时尚性有重要作用。表面处理后产品会使人产生不同的感受，科技、硬朗、典雅、温暖、尊贵等不同的感受都可以通过表面处理获得。对产品设计而言，使用不同的材料传递给消费者的感受是不同的，材料设计占据重要的位置，不仅影响着成本、产品质量、生产销售，还会给用户带来不同的产品体验。

根据不同材料的特点进行分析各材料的特性和应用可能性。

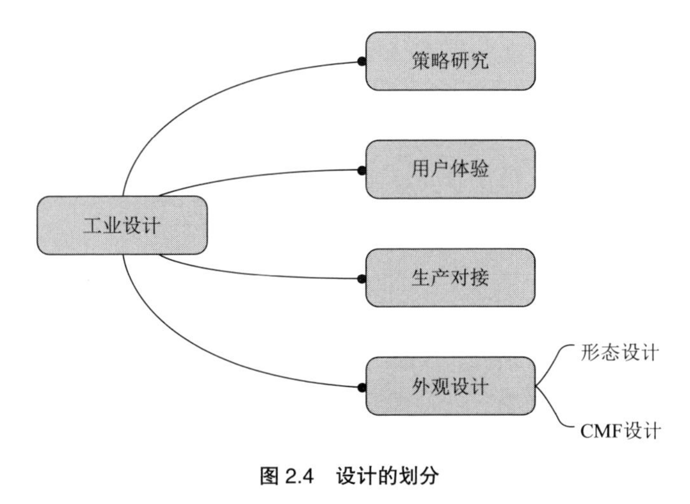

图 2.4　设计的划分

2.4.3.1 玻璃

玻璃属于无机非金属材料，一般由多种无机矿物为主要原料制成，主要成分是二氧化硅和其他氧化物。玻璃的特点有：透明、硬度高、脆度大、可塑性强、热的不良导体。基本特性是：各向同性，均质玻璃在各个方向的性质如折射率、硬度、弹性模量、热膨胀系数等性能相同；介稳性，当熔体冷却成玻璃体时，它能在较低温度下保留高温时的结构而不变化；可逆渐变性，熔融态向玻璃态转化是可逆和渐变的；连续性，熔融态向玻璃态转变时物理化学性质随温度变化是连续的。玻璃易碎的特点让人们在使用玻璃制品时会格外小心，购买玻璃制品时也会更加小心翼翼。玻璃透明的特点能够直观地让用户看到内部的事物（图 2.5），手工制品的玻璃还能够拥有极薄的玻璃厚度，给人以易碎、梦幻的感觉，让用户珍惜玻璃制品。玻璃自身还带有颜色，色相的不同、色块的大小、颜色的搭配都使得玻璃制品有很大的发挥空间。除此之外，玻璃还可以进行表面效果的不同处理，经过表面处理的玻璃经过光的折射后，能够映出动人的花纹。

图 2.5 玻璃制品

钢化玻璃是采用钢化方法对玻璃进行增强。钢化玻璃的特性有：高强度，同等厚度的钢化玻璃的强度是普通玻璃的 3～5 倍，抗弯程度也是普通玻璃的 3～5 倍；热稳定性，钢化玻璃能够承受 300℃的温差变化，抗温差能力是普通玻璃的 3 倍；安全性，钢化玻璃在受到外力破坏时，碎片会成蜂窝状的钝角小颗粒，不易对人体造成伤害。钢化玻璃通常被用在需要高强度玻璃的地方，如汽车的挡风玻璃，装饰中的门窗、室内装修，电子仪表的屏幕等。

2.4.3.2 生铁

从炼铁炉生产出的粗制铁称为生铁，日本江户时期的铁壶就是以生铁为原料，加之传统的铸造工艺，通过后期打磨成型为茶壶（图 2.6）。科学发现铁是人身体中造血的元素，人体无法直接吸收金属中的铁元素，二价铁离子是人体能够吸收的。食物中的铁是以三价铁离子的形式存在，经过胃酸与三价铁离子反应后，生成能够被人体吸收的二价铁离子。实验表明，铁壶煮水时能够释放有利于人体吸收的二价铁离子，饮用铁壶煮的水能够有效补充铁元素，这是铁壶煮茶对健康有好处的原因。

图 2.6　铁壶

生铁重新熔炼加入不同的添加剂可以得到铸铁，一般是含碳量在 2% 以上的铁碳合金。铸铁分为灰铸铁、白铸铁、球墨铸铁、蠕墨铸铁、可锻铸铁、抗磨铸铁、耐热铸铁、耐腐铸铁。灰铸铁含碳量在 2.7%～4%，由基体和片状石墨组成，断口呈灰色，耐磨性好，铸造性能和切削加工性能好，一般用于机床、内燃机汽车、机械设备的零件等。白铸铁含碳、硅量较低，碳主要以渗碳体的形式存在，断口呈银白色，用作可锻铸铁的坯件。球墨铸铁是将灰铸铁经过球化后获得的，由基体和球状石墨组成，比灰铸铁的耐磨性、铸造性能、抗疲劳强度更高，常用于强度、韧性高的曲轴、连杆、齿轮等零件的制造。蠕墨铸铁是将灰铸铁经过蠕化后得到的，铸造性能介于灰铸铁与球磨铸铁之间，有较好的力学性能、导热性，用于高强度零件、耐热零件的加工，如气缸盖、液压阀等。可锻铸铁，是由白铸铁经过退火工艺得到的，由基体和团絮状石墨组成，有良好的塑性和冲击韧性，多用作受冲击、震动的零件。耐磨铸铁中加入低、中、高含量的合金，可实现特殊性能，因有基体和不同渗碳体组成，具有高耐磨性，主要用于制作磨损件、易损件等。耐热铸铁也是通过加入合金，实现耐热的性能，有基体和片状（或球状）石墨组成，有耐热的特性，用作锅炉、化工设备中的耐热件。耐腐蚀铸铁，主要加入硅和镍，由基体和片状（或球状）石墨组成，用作化工中抗酸碱等化学成分的零件使用。

2.4.3.3 皮革

动物皮革的使用可以追溯到原始社会，之后人们将动物皮革运用于衣帽、皮包、马具。皮革有较好的透气性和柔韧性，穿着、触摸舒适，可以作为直接接触身体的材料。皮革有表面自然的纹路，平整细腻，染色性好，有较强的可塑性。皮革受湿度影响较大，干燥时会收缩，潮湿时会伸长，还容易长霉，需要进行保养。

皮革可以分为真皮、再生皮、人造革和合成革。真皮是使用动物的皮加工而成的皮革制品，与人造皮形成对比。真皮可以分为猪皮革、羊皮革、牛皮革、马皮革、驴皮革、袋鼠皮革、鳄鱼皮革。在动物皮革中，黄牛皮革和绵羊皮革最佳，内在结构紧密、皮革本身具有较好的弹性，物理性强好，是高等皮革产品的首选材料。

再生皮是将动物皮的废料或是真皮下脚料加入化学成分加工制成的，整个平面较为平整，边缘整理，利用率高且价格便宜，但在性能方面缺少真皮的柔韧性，整体皮面也比较厚，可以满足公文包、皮套等产品的需求。

人造革是 PVC 和 PU 等人造材料，属于仿皮的胶料。将 PVC 和 PU 根据不同的花纹、强度、耐磨度、耐寒度、图案、防水度要求制成极似皮革的材料。人造革的价格比真皮的价格要便宜，这也是人造革能够广泛使用的原因之一。人造革的纵切面能够看到细微的气泡孔、布基、表层的薄膜、干瘪的人造纤维。现在的技术能够生产出与真皮组织纤维其为相似的产品，几乎能达到真皮的效果。

合成革是使用涤纶、棉、丙纶等合成纤维，模拟天然革的组织和结构制成的塑料制品，合成革的正面和反面都与皮革相似。透气性强，比人造革的性能更好，更接近于天然皮革。合成革的性能比天然皮革的性能还好，在潮湿环境中不易生霉。质量均一性和大量生产能够满足大批量产品的材料供应，拥有耐化学腐蚀的优良特性，保证了产品的使用稳定性。合成革和人造革能够拥有真皮的特性，所以人造革和合成革在工业生产中被广泛使用。

皮革与生铁和玻璃不同，人对皮革有特殊的身体感觉，皮革能够感受到人体的温度并将温度保存，还会传递温度。皮革用作与人接触相关产品的材料是非常合适的。皮革可以作为书籍装帧、家具产品（图 2.7）、衣服、箱包、鞋帽、皮套、汽车坐垫的材料，皮革与手工制作结合形成皮革 DIY 的设计，可以在工业发展的时代让人们享受一下手工艺产品的温度。皮革的可塑性较强，是可以根据每个人的能力制作出或复杂或简单的实用产品。

图 2.7　皮质沙发

2.4.3.4　硅胶

硅胶为开放的多孔结构，除与强碱与氢氟酸反应外，不与任何物质反应。硅胶垫的化学成分和物理结构决定了硅胶吸附能力强、热稳定性好、机械强度高、不溶于水和任何溶剂、无毒无味、化学稳定性好等特点。硅胶可分为无机硅胶和有机硅胶。无机硅胶可根据硅胶孔径的大小，分为粗孔硅胶、B 型硅胶和细孔硅胶。孔径的大小决定了不同的吸附特点，粗孔硅胶在相对湿度高的情况下有较高的吸附量，细孔硅胶在相对湿度较低的情况下吸附量高于粗孔硅胶，而 B 型硅胶由于孔结构介于粗孔、细孔之间，其吸附量也介于粗孔、细孔之间。无机硅胶主要用作干燥剂、吸附剂和催化剂载体。有机硅胶的结构使其拥有有机物和无机物的双重功能，有机硅胶的突出特性是耐温性，可以耐高温也可以耐低温，可以在较宽的温度范围内使用。耐候性和耐辐照使得有机硅胶可以在自然环境下保存几十年，其电绝缘性、受温度和频率的影响小，是一种稳定的电绝缘材料。生理惰性，有较好的抗凝血性。有机硅胶可以在电子、医疗、汽车、纺织、建筑行业中广泛使用。

由于硅胶材料的弹性、可塑性和触感，用于产品中为我们的生活带来了很多的可能性。硅胶无毒无味，能够直接与人体接触，还可以用于婴儿产品中。硅胶易清洗，还经常成为厨房产品的使用材料，耐高温的特性能够让硅胶在微波炉中使用。硅胶的触感与皮革不同，其更有一种神秘感和新鲜的体验感，能够为产品的触感加分。

在设计硅胶产品时，可以避免复杂的形态设计。更多地把产品体验留给硅胶材料，因为过多的造型或是功能设计可能会喧宾夺主，妨碍硅胶本身与用户的沟通。有时候对材料的烘托更能够表达产品的美学价值，在没有了多功能和吸引人的造型后，仅用材料的特点如何去打动消费者。柔软的特质是很容易打动人的，给人柔软感觉的材料有很多，硅胶属于其中一种。材料不同，运用的表现手法也不同，赋予硅胶合适的产品类型，并突出硅胶材料的感觉表达才是重要的。

2.4.3.5　漆

生漆是中国古代所用漆，也称国漆、大漆。生漆是从漆树上获得的一种纯白色天然涂料，与空气接触后变为褐色，经日晒脱水后可以获得作为涂料的熟漆，在使用时加入干性植物油，涂抹于内坯上形成漆膜。生漆有耐腐、耐磨、耐酸、耐溶剂、耐热、隔水、有光泽等特性。生漆还可以进行调色，方便花纹图案的绘制，用来装饰。以木、竹篾、麻布等为胎骨，加以生漆涂料制成的产品称为漆器（图 2.8）。中国制造漆器的历史悠久，与生漆共同使用的材料还有贝壳、金、银，加以研磨的贝壳薄片作为漆器的镶嵌纹饰，漆器的制作工艺繁杂，与之配合的材料以点、线、片的形式镶嵌于漆器的外围。金银材质常以镶银、描金的工艺手法丰富产品的层次感。漆器有一定的历史，漆器的美渗透着中华民族的文化精神和审美意识。漆器与中国的设计哲学是密不可分的，产品加以生漆材料会产生一种复古感。一些与复古、文创有关的材料使用上可以考虑生漆材料的运用。在材料的选择上，我们要看到材料能够反映的设计文化。

图 2.8　漆器

在设计的研究中，我们经常会谈到设计与文化，在审美思考之外还可以考虑材料与文化的关系，材料的岁月累积也可成为文化传递的手段，但是不能一味地为塑造与文化的关系而选择材料，要真正结合产品表现的本身全方面地选择材料。生漆与不同材料的结合也可以创造出新的产品感受，在不断创新中赋予传统材料新的产品体验。

2.4.3.6 铝合金

铝合金强度接近或者超过优质钢的强度，塑性好，具有优良的导电性、导热性和抗腐蚀性，在工业和民用业大范围使用，使用量仅次于钢。铝合金材料经过热处理后还会带来更好的机械性能、物理性能和抗腐蚀性能。铝合金可以制作成铝合金型材、铝塑板、铝单板、铝蜂窝板，普遍用于建筑、航空、交通、装修等领域。由于铝合金材料的抗腐蚀性和可塑性，还被用于家居产品的制造。铝制家具（图 2.9）的外形与木质家具相同，同样可以做到相似的纹理，视觉效果和木制家具几乎没有差别。铝制家具产品（图 2.10）有木质产品不能比拟的特点，能够抗腐蚀、抗潮湿，非常适合天气潮湿的城市使用。铝制家居比木质家居产品质量轻、价格低，作为办公产品使用非常适合，还可以回收利用。作为设计师，我们要广泛了解材料的适用范围，有时我们经常接触的材料在不经常接触的领域被广泛使用，我们应去了解每一种材料领域的使用方法和设计中存在的缺陷。这样，我们就可以发现新的设计机遇。

图 2.9　铝制书桌

图 2.10　铝制家具组合

2.4.4　产品工艺

产品从图纸到实物的转化，需要工艺的加工。生产工艺是生产人员将材料、半成品进行加工处理，使其实现最后的产品需求的一种技术、工作或方法。每件产品都需要一定的加工，古时人们打制石器在产生设计的同时也伴随着生产工艺的产生。在工业设计中，加工工艺极其重要，它是决定设计想法能否实现的关键。生产工艺关乎成本，如果设计想法能够在已有的生产工艺上实现，那么想法实现的可能性就很大。当然，在现有生产工艺无法实现想法时，技术就可能需要创新现有的技术，以达到目标需求的实现。生产工艺的创新能够直接在产品上展现，以手机为例，近几年我们见证了手机的一系列变化，手机不仅只是通信工具，智能手机是集通信、拍照、个人操作系统、独立运行为一体的个人智能设备。除了操作系统、CPU、传感器等系统软件外，智能手机的改变也伴随着生产工艺的改变。2016 年曲面屏手机的出现就代表着新的生产工艺的产生。曲面屏有着与直面屏不同的使用特点，曲面屏是采用柔性塑料生产的显示屏，较直面屏有较好的弹性。曲面屏生产工艺的实现使得曲面屏手机成为现实，生产工艺创新的同时也创新了新的产品，生产工艺对于产品的创新是至关重要的。在曲面屏兴起后，曲面屏手机的优点逐渐得到消费者的关注。曲面的弯曲设计更有利于手部握持，能够减少单手操作手机时拇指与屏幕的距离。曲面屏可以更好地与人体结构相配合，因为人的眼睛是凸起的球状，曲面的设计能够使眼球与屏幕保持相等的距离，从而带来更好的视觉体验感受。生产工艺产出的产品是要经过用户检验的，在曲面屏幕经过手机用户的使用体验后，发现曲面屏手机依然存在一定的局限性，曲面屏对加工工艺要求非常高，能够熟练掌握这项技术的公司也较少，因此曲面屏手机的价位较高。高超的生产工艺除了会提高手机价格外，也会增加维修成本，手机的更新换代速度本身就比较快，如果需要承担较高维修费，消费者一般就会考虑直接换一部新手机。随之而来的全面屏手机风潮更是占据了曲面屏手机的市场，华为推出了折叠屏手机。仅是手机屏幕的生产工艺就是不断发展创新变化的，面对源源不断的创新工艺，曲面屏手机的生产工艺仍然需要成熟、创新和普及，才能在未来市场中带来新鲜感的同时，更加被大众所接受。

生产工艺对于设计师来说是必须要了解的程序，我们常说做水杯的厂家做不了笔，不同种类产品的生产工艺完全不同，相同的生产工艺也可以生产出截然不同的产品。生产工艺与产品的结构、造型、材料、最终呈现效果息息相关，作为一个设计师如果只是单纯为表现效果而不考虑生产工艺，那么就没有将设计转化为商品的能力。下面我们对几种常见材料进行生产工艺的介绍。

玻璃的加工过程包括配料、熔化、成形、退火等工序。配料和熔化是一般将制作玻璃的原料经过高温加热形成无气泡的玻璃液。在熔化时除了基本原料外，还会用到一些辅助的熔剂，熔剂包括助熔剂、澄清剂、乳浊剂、脱色剂。助熔剂可以帮助降低各物质形成时的黏度，使玻璃更易融化。辅助熔剂因种类不同，达到的效果有所不同，有的助熔剂还可以增加玻璃对光的折射率，降低玻璃对光的散射率，让玻璃对光的折射更稳定。澄清剂是减少玻璃在熔化时产生的气泡，有时候根据需要可能会保留玻璃中的气泡，这种情况下就不需要加入澄清剂。乳浊剂是根据要求使玻璃产生结晶或者不固定的胶体颗粒，从而玻璃产生不透明的效果。脱色剂是用来消除玻璃中杂质让玻璃产生颜色的。玻璃的熔化在熔窑中进行，熔窑分为坩埚窑和池窑。坩埚窑适合小批量生产，池窑适合大批量生产。成形方式有机械成形和人工成形两种。人工成形可以采用吹塑的方式，人与玻璃液之间隔着一根镍铬合金吹管，用嘴对着吹管边转边吹，完成泡、球或是不规则的形状的吹塑。玻璃管的成形一般采用拉制，将吹成小泡状的玻璃液，一端用顶盘吸住，一端边吹边拉实现对玻璃管的成形（图 2.11）。压制成形是将玻璃液剪下一段放入模具中压制而成。自由成形是用剪子、镊子、钳子等工具直接塑造形状（图 2.12）。人工成形有其不可替代的优点，人工成形可能做出的每一个产品都是独一无二的，人工生产出的玻璃制品给人更有温度的感觉。但是，机械成形能够减少人类机械的劳动方式，效率高是机械成形的优点。机械成形除了吹塑、拉塑、压塑外，还有压延成型、浇铸成型、离心成型、烧结成型。最后一步是退火，由于玻璃制品是在高温下成形的，如果直接降温会导致冷爆现象的产生，因此要在恒定温度内保温或者是逐渐降温，使得玻璃材质中的热应力保持到允许值。

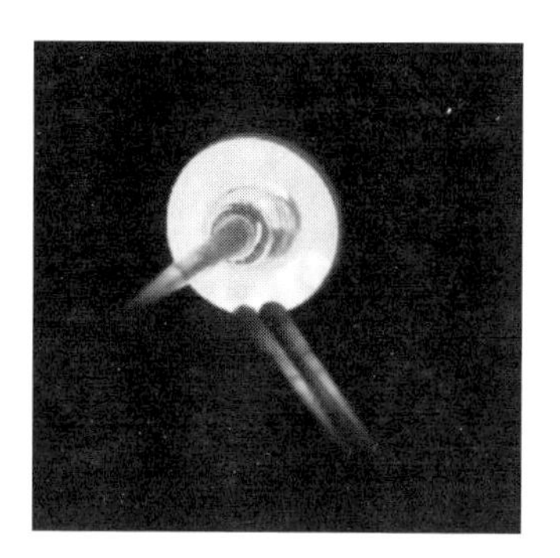
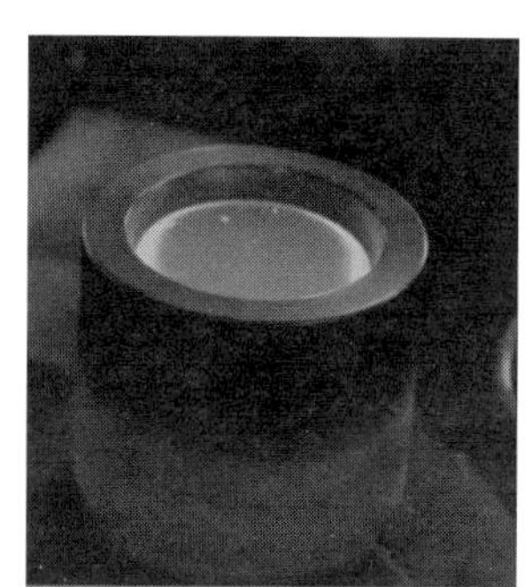

图 2.11　玻璃吹制过程

图 2.12　玻璃自由成形过程

铸造是生产金属制品的一种生产工艺（图 2.13）。将熔融的金属液体浇注在与零件形状相适应的空腔中，金属液体填满空隙形成想要浇注的形状。铸造分为砂型铸造、熔模铸造、金属性铸造、压力铸造和离心铸造等。砂型铸造的主要工序有：制造铸模、制造砂铸型、浇注金属液、落砂、清理等。砂型铸造的适应性强，尺寸和形状的灵活性强，不受重量和金属种类的限制，制作成本低，但铸造会存在砂眼、冷隔、浇注不足、气孔等缺陷。金属的成形方式还有：锻造、塑性成形、切削加工、焊接加工等，根据不同的金属制品的要求采用不同的生产工艺，可以更准确、更环保、更节约地达到其需求。

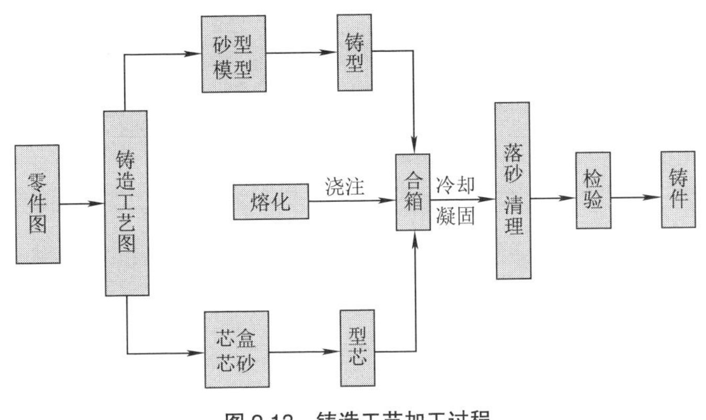

图 2.13　铸造工艺加工过程

硅胶的成形工艺可以分为四种：固态硅胶成形、挤出硅胶成形、液态硅胶成形和特种硅胶成形。固态硅胶成形是用来做硅胶餐具、硅胶手环、硅胶手表这类产品的硅胶。其成形步骤是：原料准备→炼胶→裁料→包胶基材涂胶水→用金属材料压制成型→硫化→检验→裁边，在固态硅胶成形工艺中模具的形状决定了硅胶的形状。挤出硅胶成形工艺是生产数据线、LED 灯条、硅胶线缆的生产工艺，在挤出设备中一体成形，成形后的硅胶成条状可以任意裁剪。液态硅胶成形的工艺主要生产手机壳、医疗硅胶胸垫、潜水眼镜等具有柔软特性的硅胶产品。在硅胶的生产工艺中，会有金属材料等其他材质的模型作为辅助，硅胶模型的生产还会用到硅胶胶水作为硅胶的阻隔层。特种硅胶成形的工艺就需要特种胶水实现硅胶的成形，特种硅胶通过增添化学成分来达到硅胶的食品级、医疗级的特性。

3D 打印技术需要通过 3D 打印机来实现，是一种根据数字模型快速成型的技术。3D 打印主要是通过材料的堆叠来成形的，该技术的应用范围较广，能够成形造型的局限性也比较小。只要是能够建出模型的造型都可以通过 3D 打印技术生产出来，但是 3D 打印技术也存在一些局限性，该技术的材料运用不广泛，不是任何材料都可以用于 3D 打印。现在可以用的材料有光敏树脂、PLA 塑料、工程 ABS 塑料、泡沫、PP 材料、红蜡、进口尼龙、玻璃钢、不锈钢、铝合金、钛合金、钴铬合金等。3D 打印技术的灵活性是比较大的，对于设计模型的实现也是十分方便的，在很多毕业设计中都展示了 3D 打印的产品模型（图 2.14）。

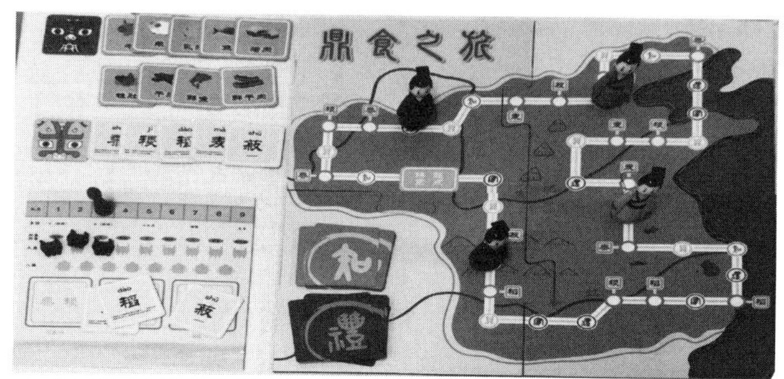

图 2.14　3D 打印模型

2.4.5　产品体验设计

Elizabeth Sander 提出“为体验而设计”这一命题，Sander 将设计研究的信息来源分为三种类型：Say，通过语言方式交换信息；Do，通过观察理解用户行为；Make，从用户的制作过程中发现用户的期望与需要。后来，Sander 发展了一套生成式、创造式的体验探索工具，包括纸板造型、彩色照片等二维工具箱和各种不同造型的按钮、旋钮、面板等三维工具箱。通过不同工具的组合，或引出人们的情绪反应和传达形式，或发掘人们的形态认知和意义理解。工具中包含了语言、行为以及视觉形式的构件，这些构件又可组合出无限可能的形式；人们利用这些工具组合出人造物，来表达他们的思考、感觉以及概念，同时也可以表达想象中的意象或梦想的画面等难以用言语表达的意念。Nathan Shedroff 认为，"体验是所有生活事件的基础，并成为交互媒体必须提供的核心"。产品体验设计应该是整体统一的，产品与服务的体验设计也没有明确的界限。除了从产品本身增加体验感之外，还可以发散思维寻找更多能够增加体验的细节点。不论消费者是线上还是线下接触产品，从接触产品的那一刻开始，产品体验就存在了。如果产品的展示是在线上，产品的功能、使用方式、细节等图片要清晰、真实。附加使用场景图或是使用视频可以给消费者使用方式的指引，也可以增加产品与消费者之间的亲近感。

我们在浏览购物软件时都会关注几个信息：一是产品的详情页；二是产品的用户评价；三是产品的客服。详情页提供产品的基本信息，详情页的丰富程度和观看的舒适度影响着消费者的观赏体验，好的详情页能够勾起消费者继续浏览的欲望。详情页的表达有一定的标准。首先，要保证一定的浏览页码，消费者在线上初步对产品进行了解时不能够触摸感受产品，只能从图片中获得信息，页码数太少对消费者的吸引力就会有所降低，还可以用视频的方式动态展示产品，简练概要地介绍产品。其次，仅展示一个方面的多张照片会引起视觉疲劳，图片详情页要从多方面展现产品，引起消费者的浏览兴趣。消费者停留的时间越长，购买的可能性就越大。最后，图片的排版要有设计美感，要符合店铺和产品的风格。

用户评价是产品购买者的真实感受，通常会影响消费者的购买欲望，商家可以通过适当的方式打开产品的销路，得到用户的真实体验，触动内心的使用体验更能刺激消费者的购买欲。

客服的回复速度、问题解答的专业性、礼貌程度都决定了消费者对店铺的整体体验。因此，需要客服人员有以用户为中心的服务理念，对客服人员的素质有一定的要求，学会运用语言艺术，问题的回答要体现出专业性，回复问题要及时。

线下产品的展示特点与线上产品多有不同，线下产品需要展示空间，这可能会涉及展示设计的内容。突出产品的展示效果，让消费者进店有一个良好的体验是线下展示需要达到的目的。从单一产品的摆放到不同种类搭配的摆放（图 2.15、图 2.16），从灯光的照射到产品区域的指示，从销售服务到用户体验都是线下体验

图 2.15　名创优品的商品陈列

图 2.16　玩具店的商品陈列

设计的加分项。就现在的形势而言，良好的展示仅是达到了合格的要求。要想通过展示为产品加分，提升产品的体验度需要更细致的体验设计。比如创新体验设计的方式，与虚拟体验技术相结合，添加虚拟体验设计馆。虚拟体验中可以无限扩大产品的使用场景，既可以扩展产品的展示空间，又可以带给消费者不同感觉的消费体验。打造个性化的体验设计，针对消费者的体验需求提供定点性的服务模式。苹果体验店中有新产品使用功能的体验课，工作人员在固定的时间内摆好座椅，感兴趣的消费者可以免费试听。让大家更多地了解苹果新产品的功能，体验课的开设能够让已购买新产品的使用者更加熟悉和钟爱产品，让没有购买的消费者加深对产品的了解，产生购买欲望。

2.5 设计深入阶段

2.5.1 方案筛选

在方案提出时，我们建议从多方面提出多个方案，在深入阶段进行方案的筛选，这并不是为了增加工作量而要求的复杂工作。多个方案的提出是为了发散设计思维，找到解决问题的可能性。方案的筛选是为了淘汰掉不符合筛选标准的方案，是必不可少的一步，在最终方案没有确定下来之前，需要根据不同的标准进行多次的筛选。方案筛选标准覆盖以下几方面的内容：

（1）设计方案是否以人为本，是否能满足现有人群的使用需求；对产品的功能性进行对比，一个功能的实现可以有多种途径，判断哪种方案能够更简洁地完成使用功能。

（2）产品的美学表现是否符合产品对应人群的审美标准，设计是有针对性的，即使方案拥有较高的美学价值，但与目标人群的特点不符，也不能算优秀的方案。

（3）成本是否合适，没有一件产品不考虑成本，如果你的产品需要量产进入市场，那么就必须要考虑产品的成本，这是作为设计师终究要面对的问题。只有成本控制到最好，才能保证在各环节的消耗后产品利润达到最高。

（4）产品的设计有无再创新生产的可能，能否形成系列升级型的产品，有这种趋势的方案优先保留。

（5）选择方案中要对比产品的结构，结构的设计要满足细致、便捷、安全的特点，有细节设计的方案，能够打动消费人群的设计优先考虑。

在方案筛选时，要把所有方案的想法一一描述，设计团队成员每人一张打分表（图 2.17）。根据本次方案的侧重点，给予每个标准一定的占分比。这个占分比可以根据每次设计目标的不同进行不同的设定。比如说在“爬楼梯的轮椅设计”中比较重视结构设计，对细节的要求比较低，就可以将结构的占分比设定为 90%，细节的占分比设定为 70%，其他标准的占分比为 80%。每个成员对每个方案进行打分，最后将打分的结果汇总，得到方案筛选的结果后，如果大家结果是一致的，就按照此方案继续进行深化。如果大家的意见不一致，可以再次筛选。经多次筛选后若大家仍然有不同的意见，可以将方案与技术工程师、材料工程师讨论，听取其他方面专家的意见，决定最终方案。

方　案	美观	实用	功能	创新	经济	总计
老年人浴缸设计	4	4	3	3	3	17
整体洗浴空间设计	5	4	4	4	4	21
可坐式洗浴设计	3	4	4	4	3	18
通用花洒设计	3	3	2	4	4	16

图 2.17　方案筛选评分表

2.5.2　方案深化

在确定好方案后，需要对确定的方案进一步深化，深化的过程中首先要考虑产品的人机交互尺寸，尺寸的确定要考虑用户的使用姿势，坐姿与站姿的不同可能会影响产品尺寸。用户在抓握时的触感会影响把手的尺寸、形状。如果产品中涉及按键、屏幕、开关等，还要考虑按键的尺寸、按键的工作形式、屏幕的尺寸、屏幕的亮度、开关与其他功能键的排列方式。另外，产品中有文字时，则要考虑文字与产品整体的色彩搭配，考虑文字字体、文字大小、整体文字的对比和排版。

在产品的深化中要考虑目标用户的具体情况，例如儿童座椅要考虑到儿童处于成长的因素，尺寸可能随时变化。老年人用户的座椅要更多地考虑安全性，可以说老年人用户的一切产品都要更加注重安全和呼救的功能深化。在设计养老产品时，还要深入老年人的心理，老年人并不想被孤立对待，有强烈的尊严意识，要深入考虑老年人在使用产品时产生的不自在感。在家居类产品的深化中，产品的生产可实现性和创新性都要深化，由于家居产品更新换代快，所以创意就是其卖点，比如名创优品售卖的大量网红类产品卖的就是创意。家电产品在深化时，可以细化用户在使用产品时的步骤。将用户完成功能时的步骤一一罗列，在罗列过程中检验设计流程的通畅性，在流程中有无存在停顿点。例如电饭煲的使用流程如下：淘米→打开电饭煲，放入淘净的米→加入适当的水→插好电源→选择功能→等待→提示米饭蒸好→打开锅盖，盛饭。这样罗列后，我们发现有一些细节增加后可以提高使用的顺畅度。在加水时可以根据不同地域对米饭口感的不同要求，可以提示不同口感米饭需要加水的刻度。在米饭蒸好后设计一定的提示音，起到提示的作用。

在产品深化过程中，还应该考虑产品的品牌性，品牌的创造是打造产品温度感的烙印。在深化过程中则要考虑为品牌设计打好基础，产品的设计过程中要体现设计的哲学思考，有一定的设计思考。方案的深化是设计实施前的最后一步，就像是要进入考场的学生，一切都要准备就绪，等待最后的检验。

2.6 设计实施阶段

2.6.1 设计实施中的各要素

整个设计流程中需要全面考虑设计要素，设计实施阶段要对设计要素进行提取。虽然设计的过程是有步骤遵循的，但是设计的全部要素在每个步骤中都是存在的。在设计前期主要是针对整体市场、产品和用户等设计要素的了解和定位，在创意迸发阶段则针对设计痛点问题，提出设计方案。在草图设计阶段具体考虑的是方案解决过程中的形态要素、功能要素、材料要素、工艺要素和体验要素。方案深化阶段是对设计方案要素的筛选，对方案要素的提升。在实施阶段是对前期要素的整合和发展，在前期中我们把设计要素整合在一个产品中，设计实施阶段就是把前期的设计要素生产成物化产品或是系统化的服务。

设计实施阶段更多考虑的是产品的品牌要素和销售要素。之前的设计要素是为品牌要素和销售要素打好基础，产品的输出要有品牌要素的支持，品牌要素是产品设计要素综合的体现。销售要素与产品更是息息相关，作为设计师还需要与销售经理有密切的联系。如果你不能直面销售，那你的设计产品遇到市场时就有可能失控。品牌要素不是一日可成的，要有理念的坚持，品牌要素要求所有产品都是围绕一个理念而产生的。

2.6.2 设计各要素的关系

设计要素在每个设计任务中可能会有所差别，侧重点也不同。在文创产品中可能更侧重形态要素传达的意境，但是用户要素、市场要素、功能要素等就不需要考虑了吗？答案当然是否定的。在设计过程中，没有一个要素是多余的，而且每个要素都穿插在整个设计过程中，在考虑功能要素的时候可能会引起形态要素或材料要素的改变。所以，设计各要素之间的关系是相辅相成的，谁也不能离开谁。设计要素包含方方面面，产品能够看到的、触碰到的、感受到的都是设计要素传递给人们的。设计需要考虑各要素之间的联系，在改动某一设计要素时要注意该要素与其他要素之间的联系，设计要素之间没有谁最重要谁不重要的区别，每个要素都是设计表现中不可或缺的部分。设计中的要素不是一成不变的，侧重点也不是不变的。设计要素之间也要寻求一种和谐的相处方式，通过这种方式能够在要素之间互相衬托整个设计的优点。设计师在要素的考量时，首先要整体把握，其次再考虑各要素之间如何权衡。要在设计的摸索过程中，逐渐掌握设计要素之间的侧重点。

2.7 设计批评

设计批评，又称设计评论，是设计的重要组成部分。我国学者黄厚石先生曾对设计批评如此定义："我们把设计作品的使用者与评价者对作品在功能、形式、伦理等各个方面的意义和价值所作的综合判断和评价定义，并将这些判断付诸各种媒介以将其表达出来的整个行为过程称之为设计批评。"设计批评从对功能、形式的关注逐渐上升到了文化与生活方式的研究。设计批评有三种表现形式，即国际博览会、群体批评、个体批评。设计批评对理解作品有指导作用，用专业的设计眼光评价产品的价值；设计批评能够对大众选择和鉴别作品有所帮助，设计批评会引导大众提高设计审美水平；设计批评对设计的创造有一定的调节功能，设计批评会给出一定的设计方向，该方向对产品设计有一定的影响。如今国际博览会、设计展会、艺术展会普遍存在于我们的生活中，相比于以前我们有更多的方式和条件接触设计批评。这为人们认识设计、理解设计提供了很好的平台，大众的审美水平在不断提升。在设计普遍接受大众检验的时代，听取社会的批评对于设计师有一定的建议性和导向性。在衡量建议是否有价值时，设计师要有自己的标准，作为设计师要有把握前瞻性的能力，要有责任感。对设计的产品负责，正视消费者对产品提出的问题，在认识到产品有改进空间时，要及时记录。如果产品有二次升级的可能，要在下一代的产品中改进之前的不足，如果产品没有二次升级的可能，就需要牢记这次问题出现的原因，找到问题的根源，为下次的设计积累经验。

在对用户使用产品的反馈时，也可以用图表打分的形式向用户进行实地问卷或是网上问卷的调查。除了对用户的调查外，还可以对专家用户进行调查。每个人对设计的评价都是不同的，作为设计师要懂得听取他人的心声，从而更好地丰富自己。在设计图表时，可以依据设计师关注的问题集中展开问卷，问题的设计一定要有所提炼，冗杂的调查内容会引起被调查者的反感。在设计过程中，设计师要学会观察市场，甚至可以走进商场，与消费者交谈。从评价中提炼可用的信息，或许可以找到新的灵感。

2.8 设计反思

设计反思是设计经过使用后根据销售成绩、用户反馈、专业人士测评、使用体验所反馈的整体信息进行反思。曾子曰：“吾日三省吾身，为人谋而不忠乎？与朋友交而不信乎？传不习乎？”做人要每天反省自己，从反省中提升自己。设计程序中也是一样，设计最后也要自我反省。设计师纵观整个设计程序，总结设计经验，发现程序中的不足。如果产品已经投入市场，消费者给予的反馈可以作为设计反思的重要依据。在使用者的反馈中思考可以发现使用过程中的障碍点，这时候就需要反思如何处理。如果只有设计而没有反思，那么设计就是死的，没有发展。使用者的水平和要求也会参差不齐，这时候专家使用者的反馈意见可以给我们一个改进的参考方向。

设计反思不仅是对产品的反思，还包括对设计流程的反思。在整个设计流程中找到阻碍设计进程或是延误设计进程的点，找出促进设计进程的方法和方式进行剖析和总结。任何一个设计的实践都是宝贵的经验，要将设计中遇到的困难和解决方法进行记录。设计反思可以整理为文本形式，是对设计过程的尊重，也是对团队和自身工作的认同。在每个设计的最后进行反思，是对经验的总结也是对创新点的分析。设计是有步骤可遵循的，在设计的步骤中也要遵循设计的基本原理，第 3 章主要介绍设计遵循的基本原理。

第3章 设计遵循的基本原理

3.1 “以人为本”的原理

3.1.1 人性化

人性化设计是从人的行为习惯、人体的生理结构、人的心理情况、人的思维方式等对设计产生影响，真正从人的各种角度来思考产品的功能、性能、使用流程、展示等方面，也可通过该理念对已有的设计进行整体优化，为用户营造更加舒适、方便的体验。人性化设计力求实现设计对人的心理、生理需求和精神追求的尊重和满足，体现了设计中的人文关怀和对人性的尊重。

人性化设计从文化内涵方面考虑，在设计时我们要明确该产品所要面对人群的国家和民族习俗。每个国家有着自身独特的风俗习惯，相同的事物代表的含义有所不同，相同的造型可能在这个国家畅销，但是却会受到其他国家的冷落。在产品销往不同的市场时，要注意产品的造型、使用方式、产品寓意、颜色是否符合当地人的审美和生活习惯。在中国，不同地区有着不同的饮食习惯，同一种口味的方便面在不同地区也会是不同的味道，这是为了更加符合当地人的饮食习惯做出的必要调整。产品的设计也是一样的道理，不同国家有着不同的消费特点和喜好，同一个国家的不同地区其消费和喜好特点也存在差异。人从来不是孤立成长的，人的生存特点受整体大环境的影响。产品在遵循“以人为本”理念进行人性化设计时，要掌握“人”的特点，明确国家、地区、大环境给人的影响，能够更准确地确定产品设计的大方向。

尊重产品使用者所处环境是尊重消费者的一种体现，设计对人的尊重还需在产品的整个过程中体现。色彩是影响视觉的，视觉上的表现要符合人群的视觉体验。触觉是消费者第一次触碰产品的感觉，触感要适应使用者的触觉感受，能够带给使用者舒适的触觉尊重。在用户多次使用产品时，产品的操作流程要避免繁琐，从流程上减少使用者的负担，给予使用者操作的尊重。还要从审美角度考虑，不同群体的关注点不同，审美观念也有差异。从群体定位中明确该群体的审美特点，给予消费者审美的尊重。设计师有着双重的身份，是设计师也是消费者，作为消费者身份时，有着自己的消费喜好。作为设计师身份时，就要跳出自身喜好的固定思维，去探索不同群体的喜好和兴趣。所以，设计师要随着时代改变，把握不同年龄段的特点，结合时尚化的元素发挥人性化设计的优势。

3.1.2 个性化和差异性需求

个性化和差异性表达都是用户在购买和使用产品时的心理感受，我们强调个体存在的价值。现在产品的差异性很大，差异性存在的原因就是因为消费者更加希望凸显自己的个性。产品不仅是完成其功能的工具，还具有展示使用者个性的价值。因为产品通过形态、材质、工艺、色彩的装扮后也拥有属于产品本身的个性，如果产品的个性与消费者的个性相符，则产品就会受到消费者的青睐。产品的个性没有高低之分，每一种产品的个性都有其存在的价值和意义。

产品的品牌更能体现产品的个性化，品牌有着固定的设计理念，经过时间积淀后拥有了固定的消费者。这类消费者在购买品牌的产品时会有一种品牌的归属感与实现个性化的成就感。在购买奢侈品时，消费者能够彰显自己高贵的地位。即使不是奢侈品，品牌也会有一部分追随者，品牌还会给消费者定义人群的专属名词。比如购买华为 NOVA 系列手机的人群，会被命名为“NOVA 星人”，这种专属的身份更能够挽留消费者，使其成为品牌的追随者和宣传者。产品的设计可以给予使用者良好的使用体验，可以给予使用者情感的满足，可以给予使用者视觉的享受，还要给予使用者彰显个性的权利。

在技术的不断进步发展过程中，消费者成为设计者的模式值得探索，定制化产品设计最大程度地尊重使用者的意见，设计师成为个性化设计的辅助者，成为用户个性化与设计之间的协调统一者。

3.1.3 情感化需求

情感化的字眼与人的内心感受息息相关，人处在万物中，每天与不同的事物接触，面对不同的人、不同的事，产生不同的情感，成就不同的心境。在商品机器欠缺的时代，我们不考虑产品的情感需求。因为供不应求的产品使消费者没有可以挑选的余地，当时的产品只考虑功能需求，设计以机器为中心，人的工作是为了适应机器。经过多年人服从科技的探索，最终“以人为本”的设计理念终被提出。唐纳德·诺曼在《情感化设计》中通过本能层、行为层、反思层的阐述，科学地告诉大家情感与可用性、实用性同等重要。设计能够引起人们的喜悦与愤怒、感动与满足、忧伤与心痛、自豪与兴奋、沮丧与害怕，产品的情感化设计是能够直接传递给消费者重要的情感信息。

我们可以通过创造痛点，满足用户的情感化需求。随着互联网产品的普及，非实物类的产品具有“内容”和“服务”的特性。内容就是整合有价值的信息运用于产品和服务中，例如在绘制导航地图时不只需要整合道路信息，还要整合道路旁边便利店、加油站、公共厕所、银行、广场、学校、酒店、村落的信息，为用户提供更加全面的信息，提供他们想不到的信息但是有价值的信息，从而让用户在使用产品时产生惊喜的体验感。在用户心中创造情感化的体验，有助于增加用户黏度，这正是产品价值的体现。用户黏度需要创造，也需要维护。如果能够持续产生使用黏性，用户则会对产品或是产品所属品牌形成依赖性，成为产品或品牌无形的宣传者。想要让用户愿意花更多的时间在产品上，就需要引入用户的情感，让用户全心全意地投入到使用产品的过程中。例如，在导航设计中，我们可以添加代表建筑特点的标志引起用户的注意，对于不同种类的用户提供多种声音导航的模式。

情感化的传递能够与用户进行心灵的沟通，产品可以成为用户的朋友，与用户产生情感交流。感情可以是平淡的，也可以是跌宕起伏的，在情感化设计中，丰富情感是彰显产品个性的手段之一。我们都知道电视剧和电影都是需要剧情的，剧情的发展牵动着我们的情感，情感设计要注重情感的曲折和丰富，让用户在体验中遇到可以自己解决的小挫折，创造丰富用户感情的痛点也是可行的。

3.1.4 用户体验

随着经济的发展和产品设计模式的转变，以功能和外观为主的传统设计模式呈现出多元化的发展趋势，同时越来越多功能相似的产品进入公众的视野。随着体验经济的发展，消费者渴望在满足功能需求的同时对产品体验的期望值逐渐升高。用户体验这个概念属于心理学范畴，侧重于用户在使用或享受服务过程中所形成的心理感受，并从产品的概念、结构、外观、服务流程等方面站在用户的角度考量用户的体验性。用户体验涉及情感、感觉、交互等多个层面，各方面因素的相互联系和交融形成用户在体验过程中的多重感受。在众多产品竞争的市场环境中，用户体验设计的理念在产品设计中逐渐产生了巨大的生命力。

基于感觉体验的产品设计，要从用户的感官层面注重产品的体验设计，可以从产品的造型、配色、材质等因素考量产品设计。通过基础的感官体验设计尽可能降低或是消除消极的用户体验感，增强外观审美的感染力。整体的外观设计要给人以稳重安全的感觉，给予用户视觉上的暗示"这件产品的安全性是有保障的，请放心使用"。在造型上不同产品应体现符合该产品的专业感与安全感。给予感觉体验的产品设计是协调各感官之间的关系，综合视觉、触觉、听觉、嗅觉等方面，为用户提供最佳的感觉体验。

基于交互体验的产品设计，要从用户与产品的交互层面注重产品的体验设计。无论是交互流程、交互界面、服务过程，还是产品的设计都要以产品利益相关者的体验为研究重点。例如，加入语音提示功能以提醒健忘的老人吃药，在机器使用结束后，用声音提醒操作结束；为唱片音乐和流行音乐共同喜爱的人群设计一款可两种方式播放音乐的音响；增加使用过程中的助手解析功能来帮助第一次使用产品的人群；在枯燥的界面设计中增添趣味性的动态图标设计；为防止用眼过度，在规定时间提醒休息眼睛；为轮椅使用者进行无障碍设计的通道、厕所、电梯设施；为防止厕所内的尴尬，添加厕所内的音乐播放功能；自动升降的马桶坐垫，为老人如厕带来便利；为方便老人上楼梯进行的拐杖设计，根据老人不同的身高，拐杖的高度也可以调节，双层的扶手设计给老人更多的支撑点；防摔腰带，能在0.2秒之内感觉到你即将摔倒并在0.8秒内弹出2个安全气囊来保护人的腰部。更大程度地优化操作方式，减轻使用者的记忆环节，注重产品本身的易操作性、服务流程的通畅性、交互界面信息的准确性，合理利用色块区分使用区域，利用灯光、动画等方式来强化与使用者之间的互动，用最符合用户生活经验的方式来研究交互体验的产品设计。

情感体验强调的是产品与用户的情感折射，当产品融入情感体验设计后，产品对于用户来说就不单单只是一个普通的产品，而是情感的慰藉和寄托。这是产品设计的较高追求，这种慰藉不单纯是社会地位的象征，更多的是心中的诉求，能给用户在孤单时带来欢乐，在寂寞时给予温暖，回忆的记录、美好瞬间的保留、有人情味的互动都是带来情感触碰的源泉。

基于仿真模拟体验的产品设计，通过对使用场景和情景的模拟，对用户的使用过程进行模拟，从而实现模拟产品的整个过程。在模拟的研究中，设计师拥有两种身份：一种是作为研究创新产品的设计师；另一种是作为该产品的使用者。作为设计师需要考虑产品的功能和实现方式，在模拟使用者时切实感受一下产品的使用体验。这样能够更直接深入地体验到产品设计的缺点，需要多维度考虑用户在不同情境下使用产品时对其产生的个性需求和主观感受。在模拟研究中，组合模拟研究的数据，补充甚至是推翻先前的设计方案。利用真实的体验将产品的各方面丰富起来，使其更有感染力和说服力。在模拟研究过程中，要更加侧重于对用户行为和产品体验的关注，让模拟的环境尽可能地接近真实的使用环境和情境，进而得到真实用户的模拟形象，获取更加准确的模拟数据，便于对先前的设计加以认证和研究。

3.2 美学原理

3.2.1 功能美

工业化的大批量生产带来了产品的极大丰富，引起人们生活方式的改变。现在人们追求生活品质，生活品质提升的表现是审美。人人都有追求美的愿望，我们通过设计产品能够带给人们美的感受。功能美首先要完成功能本身的作用，功能要与人、环境相适应，功能的实用性是功能美所达到的基础要求，无论是单一功能、多功能还是模块化功能，功能最终是统一展现的，功能美是对功能整体的美学表达。同时功能不是独立存在的，而是与其他设计元素结合在一起整体呈现的。在提升产品审美性的时代，有时可能会牺牲功能而成全产品的审美性，在这种形势下，如何定位功能美，让功能是整体美学的助攻而不为审美拖后腿就显得至关重要。功能是产品的内涵，丰富的内涵有利于提升人的气质，产品的内涵也会提升产品的审美厚度，没有使用功能只有观赏性的产品在审美潮流改变后，就失去了吸引人的力量，这类产品的淘汰率特别高。功能美是用功能传递美的一种方式，用实用性与审美性结合来为整体产品美学增添一抹色彩。产品就像人一样，需要通过各方面丰富产品的美并展示给大众，功能就是产品的内在美，我们要重新审视功能美对产品美学的重要影响，在美学表现时要多重考虑，使功能美达到极致。

3.2.2 造型美

造型美是设计元素外在的整体体现，不同的造型营造出不同的意境。复古感、趣味感、清新感、沉闷感、舒适感都是造型能够给我们带来的感受。造型美能够与消费者的审美产生共鸣，造型是与消费者产生共鸣的最直接因素，在其他所有元素相似的情况下，符合消费者审美的造型可能会成为消费者决定购买的直接原因。造型美若只是直接借用自然形态会太具象，单纯的表现造型时，限制条件较少，可以随意改变造型，不需要过多地考虑其他因素。但产品造型往往需要受其他设计元素的限制，造型美与使用感相关，例如不同造型的把手与手本身的握持舒适度有关。因此，造型美可以是在满足使用后重新定义，其他设计元素是造型美的限制，也是造型美的灵感来源，造型美是在综合功能、结构、人机交互后又重新定义和考虑而成的。

3.2.3 材质美

材质本身就有一定的美感，材质是造型塑造的原料，材质有光泽、温度、纹理。在产品设计中要挖掘材料本身的美，有时要展现材料原生态的美，有时又要发掘材料新型的美，将材料美传递给使用者的同时也把产品的精致美和整体美传递给了使用者。材料是可以直接与消费者接触的设计元素，功能美是在用户体验产品时产生的，造型美是用户在观察时产生的，材质美可以在用户观察时产生，也可以在用户触摸体验时产生。材质美是在挑选材料和加工中产生，每种材料都有着自己独特的情感传递方式，不同的材料传递不同的美的感受。造型能够塑造不同的氛围，材质也有传递氛围的能力，金属材质的触感和光泽会营造科技的氛围，木材的纹理和质地会带给使用者朴实、稳重的氛围。当然，材质美的可塑性非常大，通过材质的组合和创新可以产生不同的氛围。但同时不能局限于材料固有的美，而是要多多关注现有材料的使用方向和表达效果，在已有的材质呈现中擦出不一样的火花。产品的复杂程度越高，使用材料的组合程度也会越丰富，面对材料的组合要注意材料与材料之间的连接美。

3.2.4 工艺美

工艺美是指产品在加工或生产时技术产生的美。技术可以使产品的造型看起来浑然天成，毫无瑕疵。有些产品看起来七零八碎、线条不完整，有拼凑的痕迹，可能与技术的精细程度有关。工艺的成熟程度与产品成熟程度、产品成本、产品造型有着千丝万缕的联系。成熟的工艺考虑到产品的用料问题，最大程度地节约了产品的成本。成熟的工艺能够最大程度地还原设计图纸，使产品能够最快地生产出来。工业大生产时代的机械生产与传统的手工艺生产有着截然不同的区别，但是两种生产工艺之间并不是割裂和完全分离的。机械生产和手工艺生产都是将产品生产出来的过程，最终的产品都要经过市场和人群的检验。在各自生产特点的引领下，机械生产和手工艺生产都尽其最大的努力传递工艺之美。检验工艺美的层面有很多，不仅停留在产品最终的造型表现上，还体现在细节之中，体现在对材料的敬畏中。我们强调产品的细节，产品细节的掌控方面有很多，可以在功能上添加，也可以在视觉感受上添加。工艺操作时需要精确到毫米、微米甚至是更小的单位，在细微之处中尽显工艺之美。

3.3 设计的原则

3.3.1 设计的经济性原则

设计的经济性原则不仅要考虑成本，还要考虑消费者的支付水平，成本受产品价值和消费者支付能力的双重影响，要在现有消费者支付能力的前提下，提高产品的审美价值。消费者的支付水平既影响产品成本，又影响产品审美品质。所以，设计的经济性原则一方面要考虑成本与消费能力的问题，另一方面要考虑提高产品审美价值的问题。在把握经济性的同时要关注社会的需求，产品的畅销与大众化的经济性原则密不可分。产品价值的实现需要经济条件与精神条件的支持，社会不同则生产力不同，不同的生产力对应不同的消费水平。设计师要从经济条件与精神条件中，寻找产品的市场价值。消费水平与生产力相辅相成，生产力决定消费水平，消费水平反作用于生产力。生产力的提高会使得人们收入增多，购买能力增强进而产生更多的消费需求，从而促进设计师产生更多的设计。

产品的经济性在整个产品构思运行中应时刻把握，设计的各因素之间应相互配合，产品的功能、形态、结构、材料、色彩、加工技术之间要相互适应，使各因素之间形成最经济、最合理的组合，提供给消费者性价比最高的产品，提高设计的经济性。在设计中要考虑设计的简洁性，以简化的方式设计产品，不仅在使用时为用户带来便捷，还能降低设计的生产成本，提高经济性。

经济性原理要求对设计成本严格控制，产品的成本主要包含生产与使用两个方面：加工方法和程序属于生产方面；零件组合、产品操作、产品运输属于使用方面。简化加工程序，减少加工成型次数，降低组合繁琐性，缩小运输存放空间，使得操作更加简便，可以提高设计的经济性。

3.3.2 设计与销售的关系

生产出来的产品最终要被消费者购买才能完成产品的商业目的，工业设计的前提就是大批量生产，如果大批量生产的产品不能畅销，产品的整个生产流程就会停滞。产品的畅销度影响着一个企业未来设计的发展方向，产品的畅销程度与传递设计理念和设计思想，宣传产品文化和生活方式，创造企业利益和打造企业品牌形象有着密切的联系。产品的销售与产品的再创新相关联，销售成绩好的产品得到消费者的认可，消费者会成为产品的宣传者。接下来的设计可以对销售成绩好的产品进行二代升级，升级的产品拥有本身的购买群体，其良好的口碑也会吸引更多的购买者。产品的销售还对企业的运转有着影响作用。企业对产品进行一定的投入，企业的最终目的是获得商业利润。产品的销售可以让企业获得商业利润，从而推动企业的运营。随着销售数量的增加，产品的生产成本会降低，企业能够得到更快的周转。企业的销售还会影响产品的宣传，有时候产品的销量就是一种无形的宣传，我们在网上购物时会关注产品销量。销量作为筛选产品的一项指标，高销量会传递给消费者一种“销量高产品好”的概念，如此循环使得销量越高的产品销售业绩越好。

对未来产品在市场销售时的各种影响因素的预测称为产品的销售预测，包括一定时期内拟开发产品的市场占有率、主要销售渠道、所需要的促销手段和售后服务方式、竞争者的数量、生产能力和营销水平、拟开发产品的销售价格、原料与能源的价格，以及它们对开发产品的影响。在产品销售之前，我们就要进行销售预测并对已有产品的销售做调查，什么种类的产品销售量高，销售量高的产品都有什么特点。除了产品本身之外，怎样的设计模式会增加产品的销售量。这里所说的销售是指消费者真正为产品买单，而不仅仅是吸引消费者参观的产品。

产品是销售的载体，产品设计本身会影响销售曲线。产品投入市场的时间会与产品销售量形成一定的关联。另外，产品前期的宣传力度也会影响销售。我们都知道在电影上映前，电影导演和演员们会奔走各地进行新片发布会，为的就是前期的宣传，让新上映的电影有一定的舆论热度。让对热度有兴趣的人们主动消费，满足好奇心的痛点。随后，电影的热评又会牵动更多人观看。新片的热度持续上升，销售前景也会越好。电子产品在上市之前也会开新品发布会，提前发布新品的功能和创新点，会邀请有一定影响力的代言人一同参加新品发布会，为的就是通过前期的宣传吸引消费者的眼球，也会邀请有庞大粉丝量的代言人，增加关注产品的人群，从而影响销售。每个人都是一个独立的个体，对产品的关注点多有不同。有的人关注科技，有的人关注材质，有的人关注舆论，有的人追随代言人，有的人在乎外观，有的人有品牌情节，有的人是冲动消费。代言人的力量可以成为消费者购物的一种导向和价值取向，代言人的特点还会与产品所传达的特点产生关联性，进一步影响销售。

产品售卖过程中的服务也会影响销售，每次购买行为都存在冲动消费的可能性，完善的服务会增加消费者的购买欲。很多时候我们会有这样的体验，假如多次麻烦服务员，而产品本身也没有什么大问题，基本的需求也可以满足，再加上这么贴心的服务，那就带上一件产品回家吧。我们有时会享受贴心服务为我们带来的舒适感和尊重感，这种感觉驱使着内心不坚定的那一堵墙逐渐倒塌，成为甘心为服务买单的消费者。

3.3.3 设计管理

设计与管理是分不开的，设计为消费者和公司创造价值，设计管理为设计创造价值。设计管理与管理有着明显区别，管理是通过协作、计划、组织和控制等职能因素组成的行为，设计管理不仅完成了管理行为，还完成了对设计学科的继承，涵盖了设计的内涵、价值观等特有的方面。设计管理处于艺术与技术、文化与商业、群体与贸易之间，设计管理作为一项设计活动对源于多种渠道的各类信息进行管理，最终获得美学、经济、人机、绿色等方面的解决方案。设计管理通过优化设计的各部门资源，使设计资源得到合理化配置。

小项目的设计管理包含与个人完成项目有关的一切设计任务，包括设计任务书编写、设计规划、合同签订、人员安排、时间安排、日常工作流程管理、设计流程制定、设计报告书编写、生产监管、质量监督、文件存档。大项目的设计管理包含设计目标、品牌和形象设计、营销传达、客户研究、竞争者对比、设计师管理。小项目与大项目的设计管理都会对人员安排、预算、时间安排进行管理，项目管理的规模和程度因项目的不同而不同。

企业的设计管理一般分为战略性管理和功能性管理。企业要根据市场情况、自身情况制定长期有效的战略计划，通过管理整合内部设计体系、人员工作制度，对企业形象进行整体的规划，使企业内部高效运转。功能性管理包括设计思想的管理、设计团队的管理、企业形象设计、设计品质的管理、设计法规的管理。每一个设计项目都有一个设计思想的指引，有设计思想指导的设计拥有丰满的羽翼，通过对前期用户的研究和市场调查，将用户需求和美学原理转化为可行性的思想，指引新产品的开发。设计专业的复杂性决定了设计需要以团队合作的方式进行，企业或建立自己的设计团队，或邀请设计团队帮助设计，团队内部要有管理体系，团队管理成为设计管理的新形式。设计团队的管理要求设计团队对前沿设计有敏锐的洞察力，团队之间还要有共同克服困难的合力，如果一个好的想法因为团队间的不团结而被否定，再好的想法只会白白浪费，设计团队也不会有发展进步的空间。在创新面前往往有很多事是未知的，是需要克服苦难去实现的，只有团队的合力才是创新的动力。苹果公司的团队有硬件设计、软件设计、交互设计、软件标记、创意设计等，苹果公司的成功就在于把不同团队的力量整合在一个产品中展示给大家，需要的正是整合团队的管理。

企业形象设计的管理是将企业文化、企业形象、产品、品牌与用户联系起来，用一套完整的企业设计指导标准手册控制企业标志、标准字体、标准形象，让企业的设计风格统一，有识别度。企业形象的设计要能够展示企业文化，代表企业的整体品质。企业形象是企业对外交流的名片，会伴随企业的成长而变化，随着时代的变化，企业形象也可以有所变动，但是其核心是企业文化的代表。对设计品质进行管理，整个设计项目过程中要把握设计的质量，设计完成后要把握产品的质量，要使整个设计过程在规定的时间内完成规定的目标。此外，还有对设计法规的管理、与设计有关的知识产权和专利的管理。在设计前期，要做好知识产权和专利的调查，避免设计的产品侵害别人的知识产权和专利，做无谓的设计。在设计后期，要对自己的成果进行知识产权和专利的申请，利用相关法规对设计成果进行保护。

设计管理提升了企业形象的辨识度，有助于增强品牌竞争力，品牌的策略与规划是企业形象提升的基础，使得企业形象策略化；设计管理有利于提高产品的开发设计效率，提高公司的运营效率；内部管理的稳定是推动企业发展的引擎，设计管理使得企业内部系统得以优化，使企业内部的合作系统保持正常运行；设计管理是实行设计战略的领导者，在整个设计过程中，设计管理监督设计进度，保证对现有问题的分析，便于选择合适的方案；设计管理对设计知识的把控，能够避免设计走弯路，保护设计成果的知识产权。

宜家一直秉承着“为大众创造更加美好日常生活”的企业理念，以“价格低廉、时尚前卫的家居产品”为市场定位。宜家以消费者为出发点，通过从“家具”到“家居”的转变，一方面增添了人情味，另一方面扩大了其含义，不仅设计家具还增添了日常生活用品的设计。宜家家居具有明显的北欧气息，拥有明快的色调。一方面代表充满活力的年轻人，另外与宜家家居定位的人群有关。宜家定位的消费人群为城市中的年轻人，通过自身努力满足用户生活多方位的需求。宜家通过合理的消费市场定位、新颖的产品设计、高效率的设计管理，赢得了消费者心中的一席之地。

设计风格是企业辨别度的因素之一，包括产品设计、色彩、材料选用等。宜家的品牌标志简洁易认，黄蓝色搭配具有强烈的识别度。宜家的产品理念注重绿色设计，大多选用木材、金属、玻璃等可循环材料。宜家的产品设计注重人性化，外观上给人以简洁大方的感觉，利用留白的艺术性手法使得产品造型更加生动唯美。

通常情况下，价格是影响消费者购买欲望的因素之一，物美价廉是消费者理想的产品状态。宜家通过低价格策略抓住消费者的购买心理，人人都需要有别致的家居装饰来提高生活品质，因此宜家以低价格策略方式推广并且加大家居产品的种类，全面覆盖家居装饰产品，让消费者来到宜家就不会空手而归。既满足了广大用户的需求，也提升了企业形象。

作为一个全球性公司，宜家在全球建立起了有条不紊的物流系统。宜家的一些产品需要在本地生产，一些产品需要供应商加工协作，每个宜家商场会把本商场的需求进行汇总，再向宜家的贸易机构申请合理的采购程序，从而保证商场的利益最大化。随着信息网络的高速发展，宜家会在物流重要节点上采用先进的重心仓库管理系统。为了提高物流速度，降低物流成本，宜家把全球各个海陆空的交通要道作为分销中心和仓储中心，中国上海就是宜家物流的重要中心。宜家为了缩小运输空间，所有板材都是平板包装，最大程度地降低了运输成本。宜家物流是宜家设计管理的平台，以物流平台为企业运作提供有力的保障。

宜家的产品展示也是宜家设计管理的战略特点，把宜家的家具产品搬到样板房中展示，能够让消费者直观地看到产品的搭配效果，还能够身临其境体验、触碰，想象产品在自己家摆放的感觉。在宜家商场中，提供家一般的舒适度，消费者随意自主购物。在没有压力的环境中，消费者才会花充足的时间认真挑选家居产品，而且宜家的产品能够对应到每个设计师，消费者可以挑选自己喜欢设计师的产品进行购买，会有一种专属设计师定制的感觉。合理满足大多数人的需求才是设计的目的，宜家正是注意到了这点，在设计管理和设计创新之间进行了合理的调控。

3.4 可持续原理

3.4.1 生态概念

《庄子齐物论》阐述了“天地与我并生，而万物与我为一”的生态哲学思想，生态系统的组成成分，包括非生物物质和能量、生产者、消费者和分解者。当前，随着全球生态危机日趋严重，人们在反思对生态造成威胁的根源，也在努力挽回对生态的破坏，同时相关的生态哲学研究也取得重大进展。

古代的生态哲学给我们的设计理念以思考，如何定义产品在生态环境的价值，难道产品就是通过对资源的消耗来破坏环境的一种工具吗？我们当然不希望产品与生态的关系是对立矛盾的。产品拥有其特有的宣传功能，通过产品的使用我们可以倡导人们保护环境的意识。产品在我们的生活中不可或缺，寻找产品在生态中的定位，使产品与生态和谐相处，我们可以通过设计的价值传递产品与生态的和谐，达到和谐的境界。

3.4.2 绿色设计

绿色代表着环保、生机和希望。在工业设计的发展进程中，设计对资源的消耗和环境的破坏有着不可忽视的影响，生态平衡受到破坏。“有计划的商品废止制”将设计看作是一种商业手段，加快了对资源的消耗，将设计与环境对立，这并不是现在设计所倡导的理念。资源、环境、人口的矛盾是当今社会面临的问题，随着经济社会的发展，人们肆意消耗着自然资源，毫无节制地浪费资源。工业设计重新考虑了设计的存在性和设计师的职责，为了寻求一种“人—社会—环境”之间和谐相处的方式，绿色设计的理念逐渐形成。在20世纪80年代末，绿色设计成为一种国际化的设计潮流。

只有大力发展绿色设计，才能打破资源环境对设计的制约，在设计发展道路上占据有利位置。绿色设计是人类对自身生产和生活方式的自省。“人与自然生命共同体”“尊重自然、顺应自然、保护自然”等词成为设计新时尚。建设生态文明是中华民族永续发展的千年大计，“绿水青山就是金山银山”的理念与绿色设计的理念一脉相承。生态文明的建设，首先就要推进绿色设计，发展绿色经济。全面推进资源节约型社会的建设，倡导简约适度、绿色低碳。在生态文明建设的影响下，绿色设计获得了经济价值、社会价值和生态价值的三重收获，因此将绿色设计的理念应用于产品设计中是现代社会发展的必然趋势。

绿色设计的核心是“3R”（即reduce，reuse，recycle），减少对环境的破坏，减少资源消耗，产品零件可循环回收利用。资源是有限的，尽管我们在创新技术和材料，但是在设计中材料的循环利用、设计带来的生态影响是设计参与者需要考虑的事情。在以人为本的设计理念下，我们不能忽视产品在生产、使用和废弃过程中给环境带来的影响。

产品在材料的选择时就要考虑材料的循环利用性，与传统观念相比，绿色设计的理念要求产品在整个设计过程中都要认真贯彻。为了在产品的整个生命周期中遵循绿色设计，在选择产品的材料时就要选择可回收、可降解、无毒、可循环利用和节能低碳的材料。为了提高回收的利用率，还要减少材料的使用种类，使用兼容性较好的材料，鼓励材料的回收利用。在结构选择方面，不仅涉及产品的装配过程，还要考虑产品的拆卸过程，保证产品能最大限度地保证回收，方便装配、拆卸、维修等。选择可重新利用的零件结构，以保证产品在报废后零件可以重新利用。在生产加工方面，要注意生产加工地区的环境、资源属性。在运输时，要提高运输效率，运输的空间要最大程度地利用。在维修与服务方面，要模块化生产零部件，利用拆卸的结构为消费者创造优秀的服务过程。在回收处理时，优先回收零部件，最大程度地回收材料，减少对环境的破坏。将废旧塑料完全进行收集、分类、清洗与研磨，将研磨出的碎屑按颜色分类，并转化成有斑点外观的独立产品。实现绿色设计的方式有很多，我们在设计时要有绿色的意识，从材料选择、组合方式、产品的维修到运输空间的节约都要有绿色意识。设计师将绿色设计的理念运用于设计中，利用循环的材料和创意的表现，创造出践行绿色设计的产品是对环境最好的尊重。

3.4.3 可持续发展

可持续发展涉及面较广，关系到生态、环境、经济、科技、政治等多方面，侧重的方面不同对可持续发展的理解也有所不同。在生态方面，“持续性”是指生态的持续性，人类的发展与生态发展史共同进行的，生态的持续性要保证发展中环境不被超越，要在自然资源的开发和利用中找到发展平衡点，让环境有自我包容、自我消化的能力。环境保护与社会发展并不对立，可持续发展要求通过发展模式的改变，从根源上解决保护环境的问题。通过对环境的保护反向促进经济和社会的发展。旅游业的发展依托于绿水青山，良好的生态环境是发展旅游业的基础，现阶段大力发展旅游业是促进经济发展和社会发展的重要一步。侧重于经济方面的可持续性认为，可持续发展的核心是经济发展，然而在可持续发展中的经济发展已经和传统的“以牺牲资源和环境为代价”的经济发展有本质的区别，其要求经济发展“以不降低环境质量和不破坏自然资源为基础”。经济发展是人类现代化进程的基础，可持续发展仍然需要经济发展作为动力。可持续发展将经济发展的数量和质量两手抓，改变传统的“高投入、高消耗、高污染”的生产模式，实行“绿色、低碳、文明”的消费模式。侧重于社会方面的可持续性认为，只有提高人类健康水平，改善人类生活品质，创造一个保持人们平等、自由、人权的环境才是发展的内涵，在可持续发展系统中，经济发展是基础，生态发展是前提，社会发展是最终目的。

我国践行可持续发展，倡导创新、协调、绿色、开放、共享的发展理念，推进生态文明建设像对待生命一样对待生态环境，呼吁形成绿色发展方式和生活方式，建设美丽中国，为人民创造良好生产生活环境，为全球生态安全做出贡献。设计的可持续要顺应国家政策，从产品层面把控践行可持续发展理念。在可持续发展的倡导下，我们在生活中要做保护环境的公民，在设计中要做保护环境的设计者。用最环保的设计达成目标，用设计的方法为生活方式作贡献。

第 4 章 设计法则的应用

在设计工作中，所有的想法并不是凭空产生的，都是在一些规定法则的基础上，进行理性的思考、分析与研究，最终形成的结果。本章将介绍一些在设计中常用的设计法则，以便更清晰地了解设计活动和设计程序，供读者在设计工作中参考。

4.1 相融性法则

“融”有和谐、长久之意。设计中的“融”更多体现在与周围万物的和谐、长久。设计出的实体物件要参与使用者的生活，这就使得设计与周围的环境、已有事物的相融性极为重要。有时候我们会听到这样的抱怨，因为买了一件家具而换了整个装修风格，用整体环境的改变与最初喜欢的那个家具相融。因此，设计前要总体把握好产品以后的“生存”环境，包括与使用场所、使用人群、使用者心情、使用过程、社会大环境等的相融。与环境的相融性可以引发新的设计，将设计与现有环境充分融合，甚至感觉不到设计的存在而是觉得事物本就应该是这样的存在，这大概是与环境相融的完美境界。相融性也可以理解为一件产品通过变化可以存在于多种环境中，相融性原则是为了让设计师在设计产品之前重视环境，从而更好地为产品定位。

图 4.1 是深泽直人设计的一个伞架，当你进门之后，发现在距离瓷砖 10 厘米的地方有个 7 毫米的凹槽，你就会很自然地把伞依靠在墙边，将淋湿的雨伞顶部插入这个凹槽。这种将功能性设计与环境相融，也可以理解成为了改变环境而开发了新的使用功能。这个设计的巧妙之处就在于，设计的功能与目的的实现并没有依附于实际的产品，而是更好地与环境相融。

日本著名工业设计师深泽直人，其独创的无意识设计，即设计在无意识的思考和思想的汇总中产生，成为了一个非常重要的设计流派，也非常适用于相融性

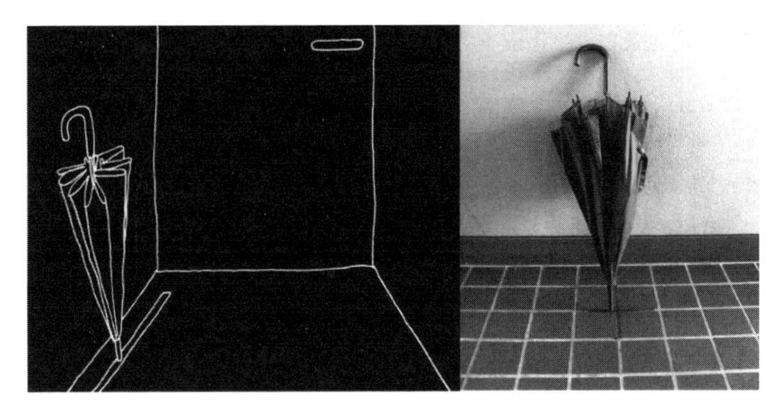

图 4.1　深泽直人的伞架设计

法则。无意识设计的产品大都新奇有趣，比如说可以削在甜点上的巧克力铅笔（图 4.2）、以硅胶打造的叶形餐盘（图 4.3）、卷心菜的碗（图 4.4）、Fidget Pen（图 4.5）等将普通事物的规律相融于使用功能、使用环境中，产生新的相融性设计。

图 4.2　日本设计工作室 Nendo 为甜品店 Tsujiguchi Hironbu 设计的巧克力铅笔

图 4.3　日本设计师田村奈穗（Nao Tamura）设计的叶形餐盘

图 4.4　日本设计师铃木康弘（Yasuhiro Suzuki）设计的卷心菜碗

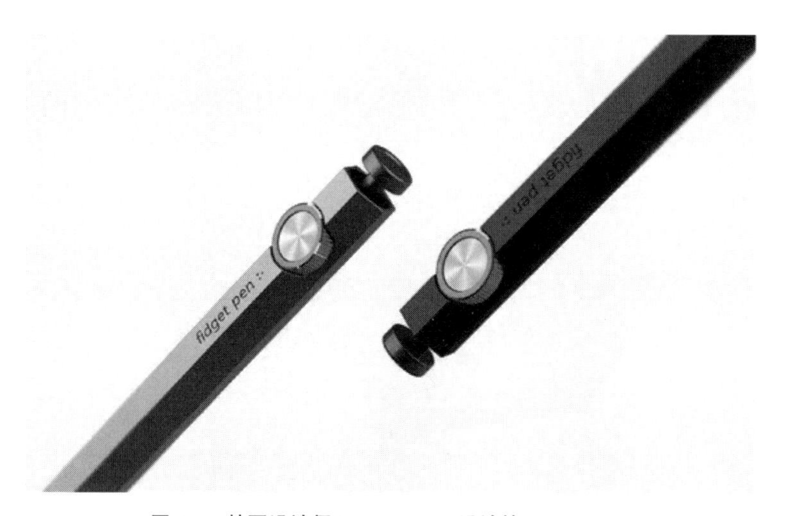

图 4.5　韩国设计师 Inyeop Baek 设计的 Fidget Pen

4.2　八二法则

设计中 80% 的效果是由 20% 的关键因素决定的，我们比较熟悉的关于“八二法则”的案例即世界上 80% 的财富都是由 20% 的人创造的，这个法则在设计中也同样适用。在不断完善各种类别的产品过程中，如何在功能固定的产品设计中体现创新性就需要有不同的设计点，这 20% 的设计点就成为该产品 80% 的创新因素。在欣赏各种优秀的设计产品时我们可以发现，只要有一处想法的创新就能带来不止一点的便利，虽然只是20%的变化，却恰恰成为不同于其他产品的热卖点。比如深泽直人设计的电饭煲（图4.6），通过观察用户盛饭的步骤动作，他发现人们在使用电饭煲时饭勺位置的不合理性使得盛饭这一过程并不是很顺畅。因此这20%的创新就是深泽直人在电饭煲的顶部设计了一个搁挡，给饭勺一个安身之地（图4.7）。为了实现饭勺的安置，改变了整体的造型，实现了整体的创新。电饭煲的主要功能依然不变，但是考虑到了使用者的细节，就增加了卖点和创新点。

图4.6　深泽直人设计的电饭煲

图4.7　深泽直人设计的电饭煲顶视图

带有拖盘的这款可放杂物的台灯（图4.8）也符合“八二法则”，20%的创新点在于将台灯与置物功能相结合，有一个托盘可以放置钥匙、手表等琐碎物件。台灯可以说家家户户都有，拥有置物功能的托盘也并不罕见，但是将两者结合在一起，就成为了一个崭新的设计，有储存功能的台灯使得台灯的整体外观显得与众不同。有时候仅仅考虑外形的创新进行设计可能限制了发散思维，考虑更利于使用的设计点进而改变产品的外观可能会令设计更加有趣。

4.8　深泽直人设计的可放杂物台灯

4.3　比较法则

比较是用两种或两种以上的可控制系统变数来说明系统行为中的关系与模式

的法则。人们了解这个世界的运作方式，凭借的是在系统中的一个或者多个系统来直接辨识出它们的关系与模式。要辨识或了解这些关系，其中最有效的方法就是在控制的情况下呈现信息，这样就能做出比较。通俗地说，就是根据一定的标准，将两种或者两种以上的有某种联系的事物进行比较，辨别异同和胜负。在设计活动中，比较的法则通常应用于竞品分析中。

什么是竞品分析？

竞品就是竞争产品。竞品主要分为四个大类：解决相同需求的相同产品、解决相同需求的不同产品、解决不同需求的同类产品和解决不同层次需求的不同产品。我们在做竞品分析时，首先要明确我们与竞争对手在市场上竞争的点到底是什么。找准了竞争点，然后有针对性地分析问题，充分研究用户行为，才能开发出以用户为中心的产品，这也是我们设计的终极目标。

为什么要做竞品分析？

所谓知己知彼，百战不殆。要想在竞争激烈的市场中战胜其他产品获得市场份额，首先要了解的就是竞品。在设计准备阶段做竞品分析，最主要的目的就是做对比，了解对方的优点并且学习借鉴这些优点，了解对方的缺点并且回避或改变这些缺点，使自己的设计成为市场中最合理、最符合用户需求的产品，并且在产品生命周期中不断更新迭代，始终保证自己占有市场优势。充分了解竞争对手的优势和缺点，调整好自己的定位点，才能设计出符合用户需求和市场定位的好产品。

比较的关键技巧包括：苹果跟苹果比（apples-to-apples）、单一背景比较、基准比较。

苹果跟苹果比：指对两个事物的各个方面做一一对应的比较。比较的标准应采用统一的标准和单位，互相有一一对应的特点，否则，比较出来的结论并不可靠。

确定苹果跟苹果比的常见方法包括：清楚、公开、详细的变数评量标准；视产品需求来修正资料，以去除混淆的变数；利用相同的图形标准及数字标准来呈现变数。

手机 VIVO NEX（图 4.9）和 OPPO FIND X（图 4.10），两者都是市场上出现的第一款全面屏手机，那么我们在进行全面屏手机的竞品分析时，就可以以此为例，运用苹果跟苹果比的技巧来进行比较。

图 4.9 VIVO NEX

图 4.10 OPPO FIND X

（1）基础配置。作为一部手机，最基本的配置就是处理器、拍照和机身内存。VIVO NEX 和 OPPO FIND X 搭载的都是骁龙 845 处理器，在机身储存方面也同样采取了 8GB+256GB 为顶配版本。在手机拍照方面，VIVO NEX 拥有前置 800 万像素摄像头，以及 1200 万 +500 万后置双摄像头。而 OPPO 采用了前置 2500 万像素摄像头，后置 1600 万 +2000 万双摄像头。在做竞品分析时，我们就可以针对用户对于拍照的需求来进行分析和比较。

（2）外观设计。VIVO NEX 正面采用了无刘海的零界全面屏，背面的 3D 玻璃后盖采用了全息幻彩技术，拥有数万个幻彩衍射单元，在不同角度光源照射下会呈现出幻彩效果。OPPO FIND X 正反都采用了 3D 弧度处理，和 NEX 一样拥有 3D 玻璃机身，拥有波尔多红和冰珀蓝两种渐变色。对于手机颜值进行竞品分析，可以更好地了解大众对于审美的品位。

（3）产品特点。VIVO NEX 的产品特点是有屏下指纹解锁技术、自动升降式摄像头、AI 智慧识别助手和全屏发生技术。屏下指纹解锁技术可以替代人脸识别技术，节省了每次开锁等待摄像头升降的时间，而且对于习惯了指纹识别的用户来说，使用起来会更方便。目前的手机、指纹锁等设备宣传的全面屏是指屏占比达到 80% 以上的设计，实际上极少有手机达到该比例要求，即使是 80% 的屏占比，也只是相对来说的全面屏，采用指纹识别依然会占据一部分面积，当然背部识别是一个较为妥协的解决方案，但是操作上比较不舒适，也影响了一体化设计，不符合未来工业设计的要求。全屏发声技术取代了传统的扬声器发声，完全解决了手机顶部开口的问题和声音外扩的问题。OPPO FIND X 最亮眼的是双潜望镜头和 O-FACE 3D 结构光，由于 OPPO FIND X 没有采用屏下指纹技术，所以每次需要人脸解锁时，手机必将镜头升起来才行，势必会增加用户的时间成本。因此在做竞品分析时，要始终考虑用户的需求和人机关系。

（4）售价情况。作为一款产品，无论设计的好坏，商业才是产品存在的意义。用户除了关心产品的易用性以外，最看重的还是性价比。因此在做竞品分析时，也需要多分析竞品的价格情况，然后在设计时合理地考虑产品的成本。

单一背景比较：比较的资料应该放在单一背景上呈现，才能看出资料中的模式与微小差别。以单一背景呈现资料的常用方法包括：①使用包含许多变数的少量显示图表（与多处分散的显示图表相较。这种方法较有效率）；②把系统状态里的多项小型观点［也称为小型多重方式（small multiples）］放在单一显示图表中（与多重显示图表相比，这种方法更有效率）。

基准比较：要公布证据或说明某些现象时，必须同时提出基准变数，才能做出清楚公开的比较。常见的基准资料包括：①过去的表现资料；②竞争者的资料；③大家所接受的产业标准。

通常，在我们第一阶段即发现问题的阶段，已经确定了痛点，在第二阶段开始分析痛点并做出设计准备的时候，我们常用比较的方法，通过比较市场上已经存在的类似产品，进行竞品分析，找出它们的优缺点，并对其进行改进。

4.4 导引手册法则

导引手册是指在给出新信息之前，提供一些简要的信息模型，以口语、文字或图画的形式呈现，帮助大家更容易地了解新产品的设计。

在《设计中的设计》中，原研哉指出了一个概念：信息建筑的思维方式。人们通过五感——视觉、听觉、触觉、嗅觉、味觉，来感觉身边的一切，由此将收集到的信息互相渗透着、互相联系在一起。导引手册正是通过这样的信息架构，由此完成对产品更为深入的了解，同时我们要明确的是导引手册在提供细节之前给出一个大方向，给予形式更加抽象。

简单地说，一张说明书就是一份简单的导引手册，说明书是通过文字和简图帮助消费者了解新产品的设计；复杂地说，导引手册主要分为两类：说明型导引手册与比较型导引手册。

说明型导引手册：如果接受者对于新知识一无所知或不了解，那么说明型导引手册就比较适用，需要准备一份说明型导引手册来向大家简要地描述这件产品及其功能（图 4.11）。同样地，在公共场合中，作为一项新开发的设施或机构，说明型导引手册尤为重要。

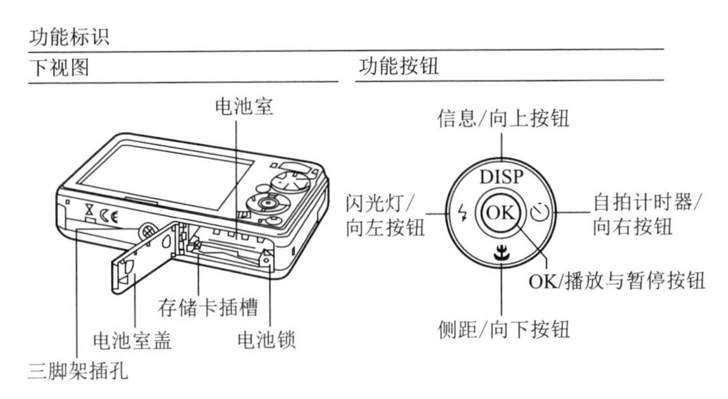

图 4.11　说明型导引手册——产品说明书

比较型导引手册：对于有相关知识背景的教授对象，比较型导引手册就较为适用。可以使用比较型导引手册，让大家对照、比较新旧产品的特点和操作方法。如果在教学时，先从入门介绍开始，再以线性方式来授课，那么可以应用导引手册法则；如果学习新知识，请使用说明型导引手册；如果在已知知识中进一步升华，那么请使用比较型导引手册。

对于引导设计，我们在生活中见到的案例很多，如在公共空间中，景点的介绍、商品的导购等，可以说引导手册充斥在我们的身边。但如何能够把它做到人们都能读懂就需要好的设计。同样地，在《设计中的设计》中有这样一个案例，在梅田医院的指示系统中我们可以看到，其都是用布面导视来标明目的地（图 4.12），体现出新生儿的柔软与医院的清洁；而在医院的另一个指示中可以看到大大的字符直接写在地上（图 4.13），清楚明了。通过小小的设计能带给人心理上的慰藉与清楚的指示，这难道不是引导手册需要做的吗?

图 4.12　原研哉设计的梅田医院指示系统

图 4.13　原研哉设计的梅田医院地面指示系统

4.5 意象整合法则

意象整合法则是一种把一组各自独立的元素视为一个整体图案，而不是多个独立元素的倾向。

意象整合是格式塔感知原理（gestalt principles of perception）其中的一项理论原则。这项法则认为，人在任何时候看到一组各自独立的元素，会把它们看作是一个容易辨认的单一图案，而不会把它们视为多个独立的元素（图 4.14）。人们希望看到单一图案的倾向强烈，必要时会自行填补空缺，并加入缺乏的信息，让图案变得完整。一般而言，如果观众花在寻找图案或形成图案的精力，超过辨认个别元素所耗费的精力，将不会发生意象整合的状况。

图 4.14 工业设计中红点奖 logo 中使用意象整合原则

在设计中减少元素数量，降低复杂性，能够形成产品的整体感，明确产品的功能。附属功能虽然可以提高产品的附加值，但是附属功能过多会使产品显得混乱，影响用户的使用体验。

4.6 视觉化信息法则

设计语言是产品的语言，颜色是表达感情的一种方式，颜色可以传递产品的情感。看到绿色的杏子就会感到酸味，看到黄色的杏子感觉到的酸味就会弱一点。信息的视觉化成为产品自己的语言，与消费者进行沟通。一个产品具有功能、颜色、材质等属性，人们可以通过视觉、触觉、嗅觉等感知产品的属性，视觉是人们感知产品属性最直接的感觉。颜色本身就是传递信息的一种方式，消费者个性化趋势越来越明显，喜好的颜色也多种多样，不同的颜色代表的含义和表达的思想情感也是不同的。

设计的表现形式多样，与文章表达相似，有平铺直叙的设计，也有借助修辞的设计。用颜色表达产品想要阐述的语言就像是设计中的修辞手法。佐藤大为口香糖品牌 LOTTE 设计 ACUO 包装（图 4.15），是以一段逐渐消失的绿色表达薄荷清凉的口感，包装简单低调，并没有大张旗鼓地宣扬这款产品可以去除口臭，但却达到了相同的效果。正是因为绿色是代表清新的颜色，所以与其平铺直叙口香糖的作用，不如用颜色代表口香糖的功能，使购买者产生共鸣。

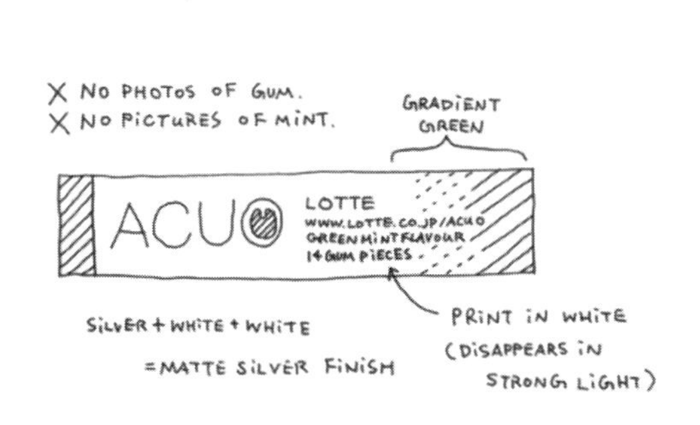

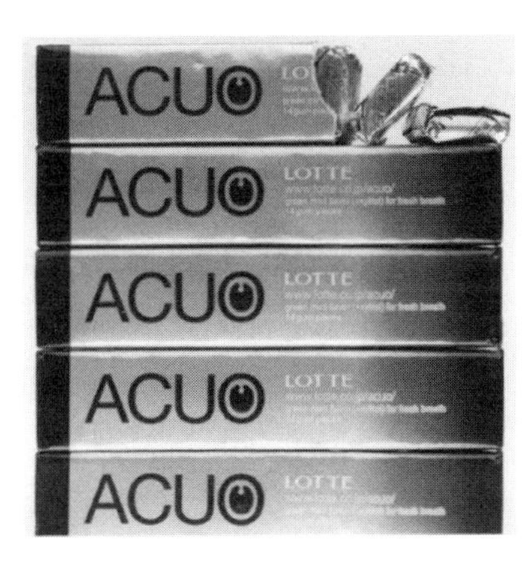

图 4.15　佐藤大的 ACUO 包装设计

深泽直人在吸尘器的界面设计时，用由白到红的颜色变化表示吸尘器的吸尘过程，整个过程用颜色的变化与使用者进行交流。这款吸尘器在正常工作时指示灯是白色的，白色表示一种未饱和的状态。当吸尘器工作达到除尘盒的饱和容量时，指示灯就会变成红色（图 4.16）。用颜色传递产品的状态信息，让使用者更直观地了解机器的工作状态。

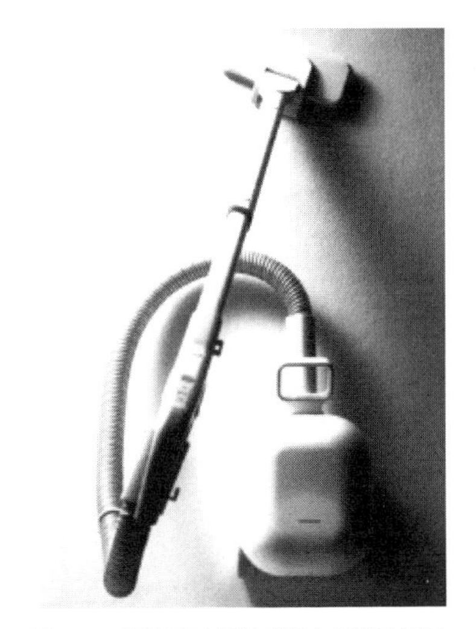

图 4.16　深泽直人设计的吸尘器指示灯红色状态

4.7　艺术性法则

美的事物总会让人心旷神怡，每个人都是美的欣赏者和拥有者。如果产品仅仅因为外观就足够吸引你，让你为它买单，那么当你不再需要这个功能时，你可能也不会丢弃它，而是将它作为一件艺术品保留下来。艺术与设计的不同之处在于设计是大众的艺术，设计的产品可以为大众所用，能够满足大部分人的审美。而艺术是个性的，只需要为我所欣赏。艺术与审美在我们的生活中并不陌生，人人都是艺术家，渴望欣赏自己生活中的艺术品。大数据可以帮助我们捕捉消费者对形态的喜好，从器物、植物、动物甚至历史文物中，也可以找到产品形态可借鉴的元素，这些都让形态更加符合消费者的审美，增加产品的美观性，花瓶承托花的美丽，也可以像花一样美丽（图 4.17）。

图 4.17　花瓶设计

4.8　趣味性法则

儿童产品中的趣味性通常表现在卡通图案、卡通造型上。把握儿童产品的趣味性需要纵观目前儿童的喜好，也需要设计师了解儿童思维，甚至还要通晓孩子们喜欢的动画人物、动画情节等。掌握儿童产品的种类，在确保功能的同时考虑产品如何带给儿童兴趣，在保证吸引眼球的同时还要保证整个玩具的可玩性。

设计师在设计这款儿童学习机时（图 4.18），首先了解儿童思维，把自己当作孩子，将超级飞侠的形象作为整个产品的外观来源，把益智功能与超级飞侠的故事情节相结合，同时国家、地图、超级飞侠在整个产品中都有体现，产品更能符合儿童的趣味。

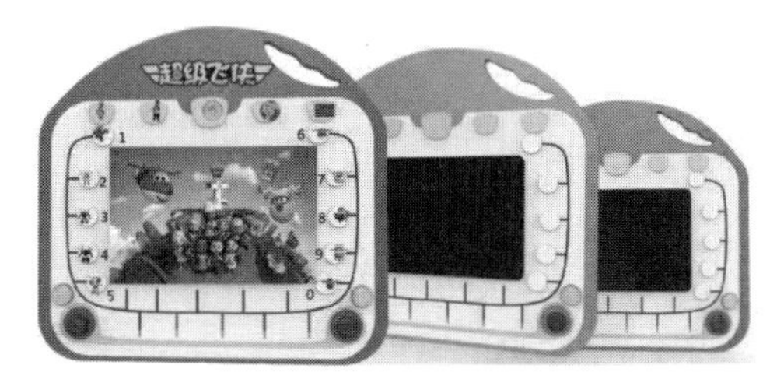

图 4.18　儿童学习机设计

除了儿童产品需要趣味性之外，普通产品中的趣味性也随处可见。个性化是设计的潮流，设计不可能满足所有人的需求，但至少能满足一类人，设计中带有趣味性可以激起消费者的兴趣。产品的趣味性可以从外观设计、包装设计、结构设计、形态设计、功能设计中体现（图 4.19、图 4.20）。

图 4.19　深泽直人的“果汁皮”包装设计

图 4.20　设计师 Nikita Konkin 设计的意面包装

4.9　产品语言法则

不同类型的产品有着各自特定的造型语言，比如家电类产品，包括电视机、空调、洗衣机、电冰箱、冰柜、电磁炉、微波炉、烤箱、面包机、洗碗机、饮水机、油烟机等都是方形或者方形的变形。方体家电是家电造型亘古不变的潮流，那么你有没有考虑过其缘由？因为家电产品要求功能性强，外观需要匹配适用环境，方体的造型语言可以满足消费者对家电的功能需求、审美需求，因此家电的方体潮流仍在继续。但是，潮流不是一成不变的，既有永远的经典，也有循环的改变。

在空调造型中，我们能够看出造型的微妙变化（图 4.21），由单一的方体造型逐渐变化为柱体的造型。方体造型中圆角的不断增多是显而易见的。但当消费者厌倦了圆形倒角后，方方正正的造型也许又会成为新的潮流。纵观整个市场，每个消费者都是一个独立的个体，有自己的个性，产品潮流趋向圆润时，也会有人独爱棱角。这就使得我们整个市场的产品供应应该是多种多样的，要在走向潮流的同时保持个性化。

图 4.21　空调造型变化

不同感觉的产品需要不同的造型来展现，柔软感觉的产品不适合用刚硬的直线而需要用柔软的曲线，若是要深入研究柔软的感觉，触感可以作为表现柔软的痛点。观感上是柔软的造型，但触感是硬的只会给使用者的幻想打一个零分，若触感与观感是相符的，那这件产品与顾客之间就会情投意合。

4.10　超常规设计法则

设计从来不是中规中矩的，只是有时候设计会被固有思想所限制。潮流会驱使大家都朝着一个方向努力，打破常规往往会产生新的创意，带来意想不到的结果。家具产品在我们的生活中数不胜数，马歇尔·拉尤斯·布劳耶于 1925 年设计了世界上第一把钢管皮革椅，突破了常规材料的限制，用电镀镍作为装饰金属。随后钢管椅投入生产，成为家具设计中的一种重要形式（图 4.22）。关于金属家具，布劳耶写道：“金属家具是现代居室的一部分，它是无风格的，因为它除了用途和必要的结构外，并不期望表达任何特定的风格。所有类型的家具都是由同样的标准化组件构成，这些部分随时都可以分开或转换。”许多开创性的突破改变了整个历史，使得生产更加顺畅，生活更加便利。

图 4.22　钢管椅

说到标准化不得不讲福特 T 型车（图 4.23）在生产中的突破，汽车生产过程中采用流水生产线大规模装配作业，代替了传统个体手工制作。生产流水线的革新是 T 型车的超常规设计，这一突破是革命性的，生产流水线使汽车的生产数量大大增加，成本大幅降低。T 型车则以其低廉的价格走入了寻常百姓家，美国也因此成为了“车轮上的国度”。

图 4.23　福特 T 型车

手机的设计经历了 1G（大哥大）、2G（拥有彩信功能的手机）、2.5G（拥有 GPRS 功能的手机）、2.75G（拥有比 GPRS 更快的 EDGE 功能的手机）、3G（能够处理图像、音乐、视频等多媒体功能的手机）、3.5G（更多的多媒体功能被引入进来）、4G（高质量视频及图像传输功能的手机），直到现在的 5G 手机问世，手机的功能越来越多，体积却越来越小，我们见证了一步又一步的突破。科技改变着我们的生活，在设计中寻找突破永远比苦苦追随已有的套路要更加有冒险精神和挑战精神，我们应该洞察前沿科技，通过设计不断改变使用者的产品体验。

4.11　无障碍使用法则

好的设计产品应该是不需要特别调整或修改，就能很好地服务于各种需要的人。在过去的几年里，衡量一个优秀设计是否具有无障碍功能时，通常是看它是否可以适用于残疾人。而现在，随着人们对于无障碍设计认识的不断成熟，人们开始意识到，这些无障碍设计是需要能够服务所有大众的，而不仅仅局限于残疾人。

无障碍设计主要有四个特性：易读性、易操作性、简易性、包容性。

（1）易读性。是指该设计产品不论对于什么样的用户来说，都是可以理解和被使用的，不会因为用户的原因造成对产品的错误解读。提升易读性的基本方式有：

1）多种不同的标注形式来呈现信息（例如文字、图像、触觉）。例如各类优秀 APP 的设计界面并不仅仅有一个好看的图标，因为单一的视觉图形是不能完全被理解的，通过文字可以与之互补。在产品介绍中，一个产品的使用不仅仅是通过文字来描写说明，还可以配有图片来解释操作步骤。

2）辅助性的感官设计可以提高产品的使用多样性。在设计中，我们可以通过增加语音提示（听觉）、按键的凹凸感（触觉）、色彩图形（视觉）来提高产品的使用多样性，使产品更丰富更完整。比如电动车在速度调节键上并没有使用“快”或“慢”的描述，而是运用了乌龟和兔子的形象，通过我们对于这两种动物的传统认知来辨识（图 4.24）。

图 4.24　电动车控制界面图标

（2）易操作性。是指不论使用者的身体状况如何，都可以轻松地使用。提升易操作性的基本方式有：

1）最大限度减少用户的重复性操作和不必要的体力消耗。例如微信、QQ 可以直接点提示条自动回到未读的第一条消息，然后再按照顺序往后观看，减少了自己不断上滑翻看记录的时间和体力（图 4.25）。

图 4.25 QQ 自动回到未读第一条

2）运用完善和简单的功能及指导准则，使操作装置变得更加容易使用。例如我们非常熟悉的语音输入，可以在我们繁忙时快速有效地传递信息，减少了手动打字的时间精力。

3）利用创新交互方式，为用户提供方便的操作环境。例如语音交互、智能交互环境、智能语音交流，能够为老年人、残疾人、儿童等多种群体带来方便。

4）以合理的方式呈现操作装置和信息，用户不论站着或者坐着都可以轻松地去理解和操作。

（3）简易性。不论使用者的学历、年龄、生活经历等种种因素，使用者都可以做到易于操控产品，不会形成使用障碍。我们在日常的设计活动中，要充分考虑用户的多层次性，尽可能简化使用流程、使用步骤、复杂程度和提示数量，只截取最有效的信息。

提升简易性的基本方式有：

1）减去一些不必要的复杂装饰设计，使功能一目了然，尽可能摒弃没有意义的功能和操作按键。

2）采用清楚明了、持续统一的提示符号和操作信息来表明操作方式，以减少教育成本。比如在界面设计中，大家所认可的播放键和暂停键就是▶和❚❚，如果违背大家的常识，在设计中采用一个新的图形来表达这个涵义，就会使人们加大学习成本，使用户产生抵触情绪，不易于产品的推广。

3）循序渐进的说明和标注相关信息和操作方式，减去一些无关的信息干扰。

4）所有操作说明都应该提供清楚的提示和反馈，确保信息简单易懂，适合不同文化程度的用户。

（4）包容性，指使操作错误导致的后果最小化。例如在进行不可修改的操作时，在操作过程中需要反复向用户提醒和确认，以免造成不可挽回的损失。

提升包容性的基本方法有：

1）用健全的功能可见性和可操作性来预防错误。

2）用确认和警告来预防错误。

3）加入设计自我调整的操作功能和安全网，减轻或避免因错误造成的后果。

4.12 功能可见性法则

从某种程度来说，物品或环境的特质会影响其功能，而吻合功能可见性原则的产品从视觉上会感到适合某些功能。从视觉经验上看，圆形轮胎比方形轮胎容易滚动，楼梯比栏杆容易攀爬等，并不是说方形轮胎不能滚动或者栏杆无法攀爬，而是说圆形轮胎和楼梯的某些特征会让人本能地觉得它们更适合被用来做什么，会影响到人们对其所具备的功能和使用方式的认知。

产品的功能可见性与人们本能的预期相符合，这种设计会有很高的接纳率和使用率，同时也会被认为容易操作。最常见的茶杯把手意味着茶杯可以“拿起来”，这也是功能可见性。但我们在日常生活中见到的把手，功能可见性经常互相抵触，如果不在门上写上“推”“拉”，你能一下就知道该怎么开门吗？门上有个把手我们会下意识地去拉一下，结果那门响起刺耳的嘎吱声，成功地让店员及客户注意到了我们。但如果他们把门把手换成平面金属板，这个矛盾就不会存在了，我会清楚地知道应该去“推”而非“拉”。设计生活中的产品时要尽可能符合人们的生活习惯，能够让人们明确产品的使用性和功能性。好的设计，就是能让使用者不假思索地完全掌握，比如我们能够清楚的明白每个图标所传达的寓意（图 4.26）。

图 4.26　谷歌 Material Design 图标库

4.13　美即适用法则

人们通常觉得美的设计更适用。“美即适用法则”是一种心理感应现象，人们认为美好的设计更适用，就像人们普遍认为长得好看的人更优秀一样。设计美好的产品从视觉上来说比较容易接受，而且使用效率也很高，人们都喜欢美好的事物。反之，如果一个产品功能性很强，但是设计并不美观，那么其市场接受度就会大大降低。美学在设计产品的使用上扮演着重要的角色。美的设计能促使人们形成正面积极的态度，而且让人们对产品的缺陷产生更大的包容性。

夏季如果衣柜里潮湿可能会滋生害虫，很多人会在衣柜里放一些樟脑丸，但是或许你会青睐于颜值更高的“衣柜宝”（图 4.27）。这款衣柜宝采用日本进口原料包，内含天然烯炔菊酯，能很好地驱除蚊虫；还有异丙基甲苯酚成分，可用于抑制细菌或真菌引起的皮肤病，无极吸附剂能够很好地除霉吸湿。或许作为消费者的你并不知道这些成分是什么，也不知道这款产品和樟脑丸到底谁更有效，但是将衣柜宝和樟脑丸同时放在消费者眼前时，多数人还是会愿意尝试这款衣柜宝。小风扇伴随着衣柜打开时的气流而转动，把荷兰风情搬进衣柜，风车转动，留下芬芳飘散在每个角落，是不是比樟脑丸多了一些情调呢？

图 4.27　衣柜宝

壁挂式洗衣机（图 4.28）作为一款新型产品，主打婴幼儿市场，已经开始进入千家万户。这款洗衣机除了通常洗衣机所具有的功能以外，还有专为婴童设计的高温煮洗功能，但是即使在没有孩子的家庭中，仍然有不少用户选择壁挂式洗衣机，这里面除了用户自身的一些需求以外，颜值也起到了重要作用。通过对比市面上壁挂式洗衣机的销量不难发现，颜值越高的洗衣机，销量越多。这也反映了“美即适用”效应的成果，人们通常会偏爱于外观好看的产品，并理所当然地认为好看的产品也好用。

图 4.28　小吉壁挂式洗衣机

因此，设计师在进行产品的设计时，要多考虑美学因素，将外观设计得更加吸引人。但是，美也是要有度的。一个产品归根结底使用的是功能，虽然我们消费她的美丽，但是如果过度强调了形式而忽略了功能，同样不能算作为一个合格的产品。

第5章
设计方法

5.1 前期调研阶段

不同设计步骤所适用的设计方法有所区别，本节主要介绍在前期调研阶段中的设计调研阶段、提出痛点阶段、调研总结阶段常用的设计方法。

5.1.1 情景地图

情景地图法以用户为中心，邀请用户参与产品体验过程，发现产品惊喜与问题的设计方法。主要步骤：第一步，整理原始材料；第二步，写出用户行为流程；第三步，画出情感坐标，并把行为流程置于中性线上；第四步，把搜集到的问题和惊喜放到对应的每个行为节点上；第五步，根据问题和惊喜的数量情况和重要性程度，理性地判断每个行为节点的情感高低并连线；第六步，结论分析，确定方向。

操作实例：

根据线下线上调研、观察用户、用户访谈等，获取了大量用户对于研究行为中的问题点和惊喜点，将它们以便利贴的形式整理出来（图5.1），并区分问题点和惊喜点的颜色。

找一个宽阔干净的新板子，写出用户行为流程。注意：每个行为节点都是中性动词，要尽量细化，用词精准干净。画出情感坐标，并把行为流程置于中性线上（图5.2）。

把搜集到的问题和惊喜放到对应的每个行为节点上，惊喜点放在上面，问题点放在下面（图5.3）。

根据问题和惊喜的数量情况和重要性程度，理性地判断每个行为节点的情感高低并连线（图5.4）。注意：判断重要性是个略微感性的事，此时要基于用户角色，问自己这个用户角色对这个问题的在意程度有多少？ 当一个行为节点可能产生两个结果，比如高兴或不高兴时，优先考虑不高兴的情况。

图 5.1　用不同颜色的便利贴整理问题点和惊喜点

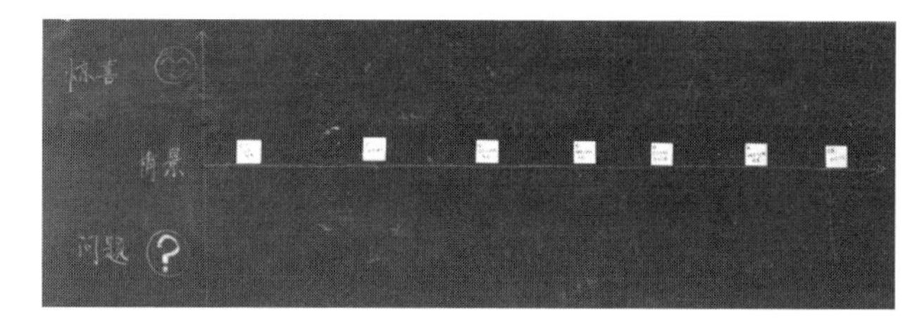

图 5.2　情感坐标

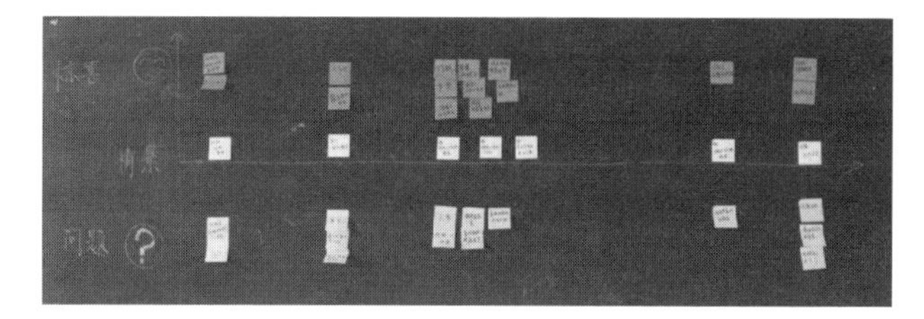

图 5.3　重新分类问题点与惊喜点

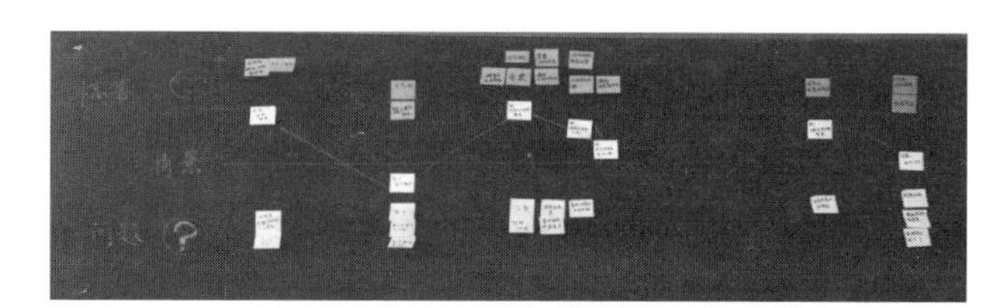

图 5.4　连线

最后，分析并确定设计方向。观察最高点，为它多做一点事情，将它推到极致。观察最低点，思考能不能把其他体验值高的步骤分摊一部分功能到这里，均衡体验情感。观察体验值中线以下的点，对应竞品分析，看看别人是怎么解决问题并为问题设置惊喜点的。情景地图带我们分析人物角色、创新策略和市场见解，是有利于其他项目的原创式解读。绘制产品或服务的使用情景地图，可以表达在使用该产品时的目标、动机、意义、潜在要求和实际操作过程。通过情景地图能够清晰地了解用户对产品的使用感受，让设计师在前期调研阶段有目的地接触用户，了解产品。

5.1.2 商业折纸法

商业折纸方法是通过制作纸质原型、白板，模拟多渠道系统中人物、组件和环境之间的交互活动和价值交换。商业折纸法是一种模拟当前和未来多渠道系统的服务设计活动，是一个在利益相关者聚集在同一个工作间时，物理演示某个系统的运作模式，然后模拟该系统的未来或其他状态的平台。这种方法使用剪贴符号代表组成系统的行为体、组件、环境和技术，以平面白板代表舞台或背景，用白板上一系列的互动行为展示整个流程。系统中各个要素以物理演示的形式展现，使利益相关者明确地了解各个要素在这种情况下的价值交换。

主要步骤：第一步，用平面白板代表舞台或背景，将场景以真实的布局整理在白板上；第二步，将组成系统的行为体、组件、环境和技术用剪贴符号作为代表（图5.5）；第三步，将上述代表贴到对应位置；第四步，以平面白板代表舞台或背景，用白板笔在白板上画出箭头，代表各种符号之间的互动行为，并在箭头上标明互动行为产生的价值交换，用白板上一系列的互动行为展示整个流程（图5.6）；第五步，根据画出的图模拟商业活动，说明人们在互动中所得的价值（图5.7）；第六步，进行总结，研究从相同的参考材料中得出的不同的观点，以便进一步讨论，促成共识，理解不同的观点，促进不同领域之间的合作，得到不同的解决方法或设计方案。

在商业折纸法的使用过程中需要注意以下几点：需要让所有的参与者在模拟活动中都有平等发言的机会；需要注意虽然用代表人物、地点和组件的模拟符号设置背景，但依然要遵循他们之间的对话方式；所选择的场景需要包含多重关系，可以进行分析，不同的关系以不同的颜色、图案、形状进行标注，表示不同的关系和参与物；标注要客观、立体，能够直接清晰地呈现所研究的信息。

图 5.5　绘制系统

图 5.6　展示流程

图 5.7　探讨模拟图中人的活动价值

5.1.3　角色扮演法

角色扮演法是由设计人员扮演用户的角色，假设用户在现实场景中的日常活动和行为的一种方法。这种方法相对来说成本较低且投资较少，但是仍然需要投入一些精力，才能让角色扮演与用户的生活紧密联系起来。

用户调研有时可能涉及个人敏感问题，无法直接进行观察，或者很难找到的实际用户，这时候使用角色扮演模拟活动就十分有效。角色扮演应该尽可能依据现实场景和用户行为进行扮演，并且收集到足够信息指导整个过程。在活动结束之后结合访谈、脉络访查或次级研究等方法与真实用户交流，与真实情况进行对比。

主要步骤：第一步，确定角色扮演主题及场景；第二步，确定角色扮演用户，设计小组的成员必须愿意参与或者能够逼真扮演；第三步，模拟活动，扮演者开始扮演自己的角色，其中包括用户和利益相关者；第四步，记录扮演过程，扮演者很难自己记录扮演的过程，因此应该让其他小组成员拍摄照片，录下视频或做笔记记录这些过程；第五步，总结讨论，需要全面分析整个过程并总结角色扮演带来的真实感受。

操作实例一：孕妇角色扮演

确定角色扮演的主题：孕妇。

确定扮演场景：走路、上下楼等生活场景。

确定角色扮演用户：小组成员自愿扮演孕妇，为了获得孕妇的真实体验，我们找了一个抱枕缠在了扮演人员的腰上，反复调节，达到孕妇的状态，并用胶带多圈缠绕达到牢固的效果，防止在走路、下楼等运动过程中抱枕发生位移。为了达到孕妇怀孕时真实的肚子重量，我们在抱枕中塞入了适量装满水的水瓶，重量在五斤左右（图 5.8）。

图 5.8　模拟孕妇

总结讨论：在扮演过程中我们发现，孕妇在日常行走过程中由于肚子的限制，不能做弯腰等动作，在坐下和起身的时候都非常艰难，需要扶住自己的腰，然后慢慢地往下坐，最好能够有支撑的帮助。在上下楼梯时，由于肚子凸出，无法看清自己的脚，所以迈步的时候会很小心翼翼，所以上下楼所用时间会比平常人多一些。由于孕妇腹部的重量，随着扮演时间的加长，扮演者的腰部越来越痛，最后不得不坐下来休息（图 5.9）。

图 5.9　孕妇体验过程

操作实例二：老年人角色扮演

确定角色扮演的主题：老年人 。

确定扮演场景：走路、上下楼等生活场景。

确定角色扮演用户：小组成员自愿扮演老年人，我们使用了专业的老年人模拟服装，在腿上绑上沙袋模拟老年人的腿脚不便，行动不灵活。使用膝关节抑制护膝来使得膝盖不能打弯，穿上负重背心并与绑带配合达到老年人弯腰驼背的效果（图 5.10）。

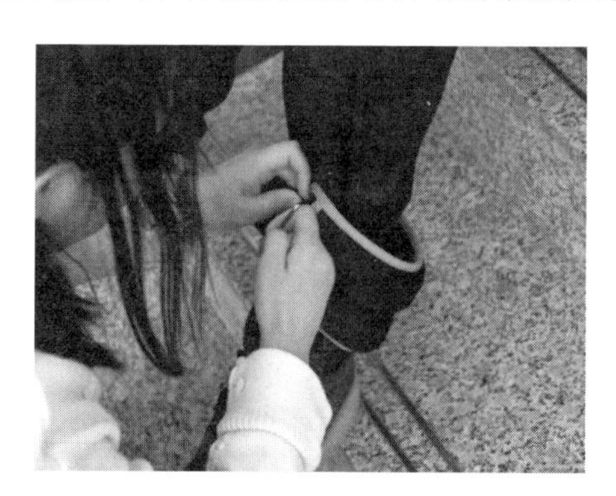 

图 5.10　扮演老年人

模拟活动：模仿者开始进行老年人日常生活的模拟活动。比如走路、上下楼梯。其他小组成员则扮演路人群众，在老年人需要的时候为其提供帮助，记录扮演过程（图 5.11）。

图 5.11 扮演老年人过程

总结讨论：在角色扮演或者模仿用户使用场景时，需要介绍一下整体情况或者提出建议，用需要采取的行动、完成的任务、达成的目标作为指导。可以适当增加对扮演者的要求，希望产生创意性概念，采用身体风暴方法，尽量接近真实生活，因此期望并鼓励扮演者即兴发挥。

5.1.4 KJ法

KJ 法是无声的，人们安静地将自己的问题、见解、数据和观点写在便签纸上。使每个人都有平等的机会表达自己的观点，然后共同讨论。KJ 法使小组集中精力处理一个焦点问题，每个人在同一时间都进行相同的任务可以完成传统会议无法完成的工作。KJ 法可以有效地利用时间，传统会议中一次只能一个人说话或在白板上写下内容，但是 KJ 法可以同时贴出所有的便签，让人们全面评估这个问题。

主要步骤：第一步，确立 KJ 法分析的主题；第二步，小组成员进行无声的头脑风暴并将自己对于主题的特点分析和理解写在不同的便签纸上；第三步，对所有的便笺纸进行整理归纳，将类似的想法集中在一起，讨论总结并制作亲和图；第四步，总结便签纸上的问题，选出急需解决的问题成为继续深入的设计点。

操作实例：

确定以古器物在现代设计中的运用及影响为小组讨论主题。小组成员对主题进行头脑风暴，将想法写在纸上（图 5.12）。将提炼的想法整理在便签纸上，以备制作亲和图使用（图 5.13）。将整理的想法分为民族、宗教、生活、材料、文字五类，分别将符合类别的便笺纸整合在一起，制作亲和图（图 5.14）。亲和图制作完毕后，归纳总结不同类别中的关键问题，再次讨论成为继续深入的设计点。

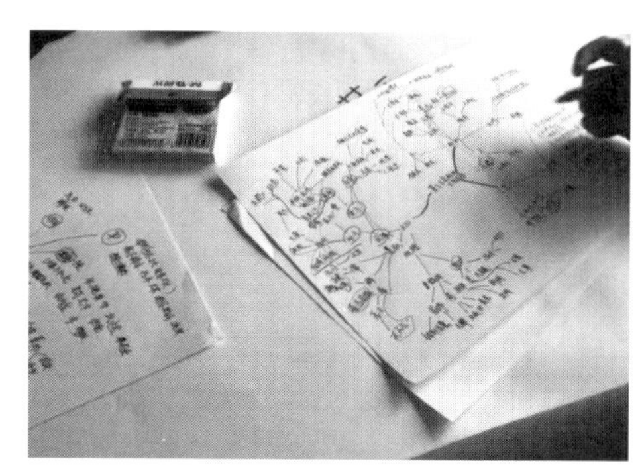

图 5.12　KJ 法的头脑风暴

图 5.13　KJ 法便笺纸整理

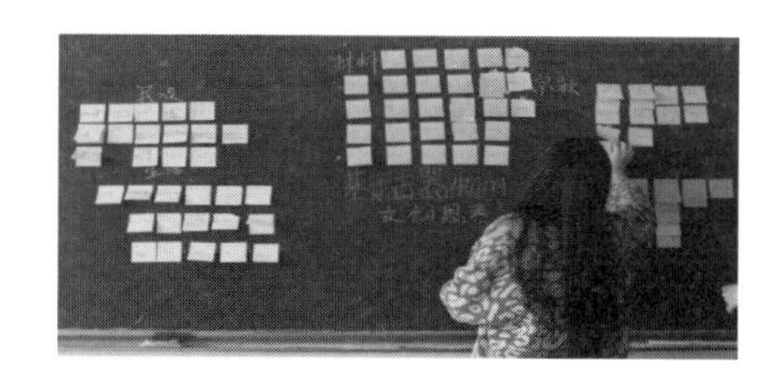
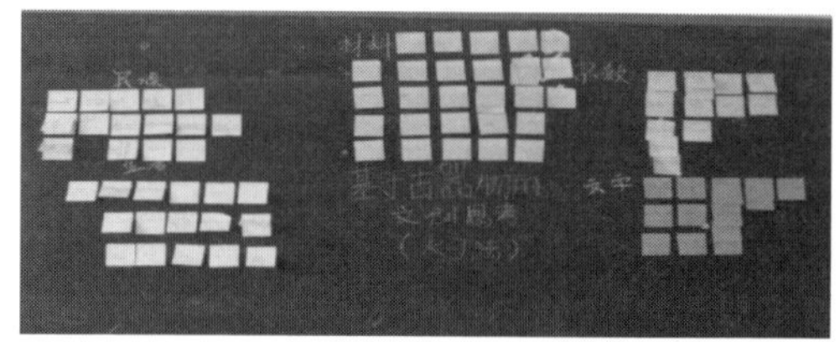

图 5.14　制作亲和图

5.1.5 观察法

观察法是一种基本的研究技巧，是在自然条件下，实验者通过自己的感官或录音录像等辅助手段，有目的、有计划地观察被试者的表情、动作、语言、行为等，来研究人的心理活动规律的方法。观察法具有目的性、计划性、系统性、可重复性等特点。

观察法能通过观察直接获得资料，在自然状态下的观察不需要其他中间环节，观察的资料比较真实。观察具有及时性的优点，它能捕捉到正在发生的现象，还能搜集到一些无法言表的材料。观察法自身也存在缺点，一是受时间限制，某些事件的发生是有一定时间限制的，过了这段时间就不会再发生；二是受观察对象限制，如研究青少年犯罪问题，有些秘密一般不会让别人观察；三是受观察者本身限制，一方面人的感官都有生理限制，超出这个限度就很难直接观察，另一方面，观察结果也会受到主观意识的影响。观察者只能观察外表现象和某些物质结构，不能直接观察到事物的本质和人们的思想意识，观察法不适用于大面积调查。

观察法根据依观察者是否参与被观察对象的活动，可分为参与观察与非参与观察。参与观察法指研究者深入到所研究对象的生活背景中，不暴露研究者真正的身份，在实际参与研究对象日常社会生活的过程中所进行隐蔽性的观察，参与式观察法又分为公开性参与式和隐蔽性参与式。非参与观察法是指观察者不参与被观察者的活动，而是以局外人的角色对调查对象进行观察，不干预事物的发展过程，只是记录事件发展的自然情景。

根据对观察对象控制性强弱或观察提纲的详细程度，可分为结构性观察与非结构性观察。结构性观察法又称系统性观察法，需要运用工作表、检查清单或者其他形式记录行为或观察过程中的物体和事件。这种观察方法的正式程度根据研究会议的提前构建程度来决定。通常需要以往的非结构性试点观察才能了解环境或行为因素，如果可以确定并清楚解释这些环境或行为因素，采用结构性观察法是最合适的。非结构性观察法又称随机观察法，是一种描述设计探索阶段的实地观察方法。尤其当研究人员不熟悉某个领域的时候，运用这种方法可以身临其境地收集基本信息。研究人员虽然可能已经掌握了一系列指导性的问题，但主要应以开放的态度来进行观察。如果观察过程中出现突发事件时，可以不遵循原来的计划方案。尽管非结构性观察不要求正式的组织形式，但也应该系统性、谨慎地记录笔记、草图、照片或者原始的视频画面。通常情况下，观察后需要综合半结构性观察得出的信息，指导设计灵感，但也可以运用内容分析等更严格的定性分析发掘共同的主题和模式。

根据观察地点和组织条件，可分为自然观察、设计观察、掩饰观察、机器观察等。自然观察法是指调查员在一个自然环境中（包括超市、展示地点、服务中心等）观察被调查对象的行为和举止。设计观察法是指调查机构事先设计模拟一种场景，调查员在一个已经设计好的并接近自然的环境中，观察被调查对象的行为和举止。所设置的场景越接近自然，被观察者的行为就越接近真实。众所周知，如果被观察人知道自己被观察，其行为可能会有所不同，观察的结果也就不同，调查所获得的数据也会出现偏差。掩饰观察法就是在不被观察人、物或者事件所知的情况下，监视他们的行为过程。机器观察法是在某些情况下，用机器观察取代人员观察。在一些特定的环境中，机器可能比人员更经济、更精确和更容易完成工作。

观察法的主要步骤：第一步，观察前准备阶段。检查现有文件，形成工作的总体概念，包括工作主题、主要任务、工作流程。准备一个初步的观察任务清单，作为观察的框架。为数据收集过程中涉及的还不清楚的主要项目做一个注释。第二步，进行观察。在部门主管的协助下，对员工的工作进行观察。在观察中，要适时地做记录。第三步，进行面谈。根据观察情况，最好再选择一个主管或有经验的员工进行面谈，因为他们了解工作的整体情况以及各项工作任务是如何配合起来的。确保所选择的面谈对象具有代表性。第四步，合并工作信息。检查最初的任务或问题清单，确保每一项都已经被回答或确认。进行信息的合并，把所收集到的各种信息合并为一个综合的工作描述，这些信息包括主管、工作者、现场观察者、有关工作的书面材料。在合并阶段，工作分析人员应随时获得补充材料。第五步，核实工作描述。把工作描述分发给主管和工作的承担者，并附上反馈意见表。根据反馈意见逐字逐句地检查整个工作描述，并在遗漏和含糊的地方做出标记。集合所有观察对象进行面谈，补充工作描述的遗漏和明确其含糊的地方，完成精确的工作描述。

观察法中需要注意的是，调查人员要努力做到采取不偏不倚的态度，即不带有任何看法或偏见进行调查。 调查人员应注意选择具有代表性的调查对象和最合适的调查时间和地点，应尽量避免只观察表面的现象。在观察过程中，调查人员应随时做记录，并尽量做较详细的记录。除了在实验室等特定的环境下和借助各种仪器进行观察时，调查人员应尽量使观察环境保持平常自然的状态，同时要注意被调查者的隐私权问题。

观察法对应用范围有所限制，适用范围包括对实际行动和迹象的观察。例如，调查人员通过对顾客购物行为的观察，预测某种商品销售情况；对语言行为的观察，例如观察顾客与售货员的谈话；对表现行为的观察，例如观察顾客谈话时的面部表情等身体语言的表现；对空间关系和地点的观察，例如利用交通计数器对来往车流量的记录；对时间的观察，例如观察顾客进出商店以及在商店逗留的时间；对文字记录的观察，例如观察人们对广告文字内容的反映。

5.1.6 自我陈述法

自我陈述法是对自身的心理现象及自身对事物的看法进行思考并加以陈述的一种方法。它的形式有很多，可以是口头报告，也可以是书面报告；可以是实验性的，也可以是非实验性的。

自我陈述法具有真实性的特点，无论是口头陈述和书面陈述都具有真实性，口头陈述能够即刻表达被调查者当时的内心所想，书面陈述是在经过严谨的思考之后提出的内容，对自身想法的了解更加真实。

陈述法一是有具体性的特点，可以对调查问题的其中各个点分别给出具体的回答；二是有感性的特点，陈述是通过人的思考之后而对调查问题做出的回答与解释，对于一些科学性的问题缺乏理论的支持，缺乏理性的判断；三是具有突出重点性的特点，陈述者能够对被调查问题的重要方面提出自己的想法；四是具有灵活性的特点，被调查者能够不受限制地表达自己对问题的看法。

自我陈述法依据陈述方式可分为口头陈述和书面陈述。口头陈述指被调查者在接受提问之后，当面进行口头陈述，表达自己的一些看法。书面陈述指调查者以书面的形式发放问题，然后被调查者在书面上陈述自己的观点。依据陈述特点可分为个人陈述与团体陈述、一般陈述与特殊陈述。个人陈述指就个人进行陈述，团体陈述指就团体进行陈述讨论。一般陈述与特殊陈述是针对不同性质的问题区分的陈述方式。自我陈述法在自我陈述的过程中，被调查者的观点不受限制，便于深入了解被调查者的建设性意见、态度、需求问题等，还能够为研究者提供大量、丰富的信息。对陈述者问题的回答所进行的分析有时候能够作为解释封闭式问题的工具。自我陈述法通常是面对个人或小的群体展开，从而能将问题推向更深、更宽的层面。同时，自我陈述法也存在难于编码和统计、调查者自身分析误差、缺乏理性思维等缺点。

陈述法的运用有几种场合，当一个调查不太容易引入到被调查者一方时，作为调查的引入可以采用自我陈述法直接进行问题回答。当某个问题答案太多或根本无法预料时，可以采用自我陈述法让被调查者就某一点来陈述自己的观点。由于研究需要必须在研究报告中原文引用被调查者的原话时，需要采用自我陈述法。

陈述法的主要步骤：第一步，确定调研目的与内容，明确在调查中要解决哪些问题，通过调查要取得哪些资料，取得的这些资料有什么用途等问题。第二步，设计好要调研的问题并归类。第三步，确定调查对象，找到目标人群，选择适当的时间与地点。第四步，提出相应的问题，让他们自己进行陈述，调查者不施加其他外部因素给被调查者，仅通过他们对问题的看法来收集有效信息，调查者在一旁做好记录。如果是书面陈述的话，将问题发放以后要将问题的陈述进行回收统计。第五步，被调查者陈述完后，调查者做好记录统计，另外，应提供原始数据、分析数据、演示文稿、陈述报告等，然后进行信息反馈，完善调查结果。

操作实例：确定调研目的与内容为某品牌插座自我陈述调研。确定调查者提纲，提示周围的环境与电器的关系，让被调查者描述在接触电源插座时的不方便之处。

确定调查对象：

对象一：付先生，28岁，本科学历，职业为软件工程师。

对象二：刘先生，28岁，本科学历，职业为IT软件工程师。

对象三：田先生，27岁，本科学历，职业为ERP软件实施人员。

对象四：张女士，26岁，本科学历，职业为影视化妆师。

对象五：高先生，29岁，本科学历，职业为财务人员。

对象六：李女士，26岁，本科学历，职业为人物造型设计师。

根据准备好的提纲，向调查对象提出相应问题，并让他们自己去陈述。在此过程中尽量不要打扰他们，也不要对他们做出任何引导性的提示，保证调查结果的有效性，调查者只需在旁边做好记录。

被调查者在陈述完毕后，调查者做好记录整理，记录内容如下：

付先生：28岁，本科，软件工程师。陈述问题记录如下：①两个插孔互相冲突，插了一个，另一个就用不了；②插线板、插头、缆线负荷太大时会变形烧坏；③插线板的兼容性低，有些特殊插头插不上；④表面凹凸不平，不易清洁；⑤插线板上的电压计常坏掉，也没有什么用；⑥带保险的插线板比较好；⑦插线板的缆线太硬，不易收拾整理；⑧插入或拔出插头时打火花，不仅吓人，还会灼坏插孔；⑨插线板材料不好，组装不严密，给人不安全的感觉。

刘先生：28岁，本科，IT软件工程师。陈述问题记录如下：①客厅墙体里走出来的插座在多次被插拔后，无法与插头紧密结合，导致接触不良；②在水珠和水汽到达的地方，对插线板的使用安全没有信心；③市场上的插线板规格和形状没有统一的标准；④很多大型电器的插头古怪，与插线板不吻合；⑤小家电如DV、DC的读卡设备的插头都很古怪，与插线板不吻合。

田先生：27岁，本科，ERP软件实施人员。陈述问题记录如下：①插座面板应该整体化，很多插座用久了都容易脱落；②最好每个插座都配有开关、指示灯；③插线板插拔费力；④插孔应满足多样性；⑤插孔内部的线路应相对独立，以免整体坏掉；⑥插拔时出现电火花。

张女士：26岁，本科，影视化妆师。陈述问题记录如下：①热水器的长度短，接到插线板上没有防水措施，不安全；②同一个办公室有多人办公时，几套电脑、打印机使用的插线板互相连接错综复杂，极为不便；③关键是要安全、实用，可设计对小孩子起警示作用的图案和造型；④插线板接通电源后没有信号指示；⑤电器很多，如何解决一个插线板负荷多种电器同时工作的问题；⑥有圆形和扁形插头与插孔不配套的问题；⑦充电器和变压器插头都很重，会从插线板上脱出或压翻插线板；⑧插线板能否有个罩子，防油烟，防水；⑨插线板能否有自动断电功能，以免睡着后忘记关电源；⑩可否设计交叉方向或圆形的插头，节约空间，走线方便。

高先生：29岁，本科，财务人员。陈述问题记录如下：①变压器插板不稳定；②不知道带按钮的插线板的使用方法；③经常出现另外的插孔不能使用的情况；④插孔空间设置不合理（方向、顺序）；⑤电线的长度不合适；⑥三项和两项插头的变换问题；⑦有时三项插头中的一项较粗，插孔不吻合；⑧集中办公时插孔不够用，多一个又占地方。

李女士：26 岁，本科，人物造型设计师。陈述问题记录如下：①插线板的线太短或太长，有时只需 2 m，但买的时候只有 1.8m 或 3 m；②插线板上的插孔太多，如床头灯只需要一个插头，使用大的插头板会浪费插孔；③插线板上只有一个按钮控制开关；④插线板太大，影响家庭环境美观；⑤插线板上的说明不详细，对一些女性顾客来说关于功率、性能等要看详细说明才能明白；⑥外形单一，颜色单一，不好看。

然后对陈述问题进行信息反馈总结（图 5.15），完善调查。

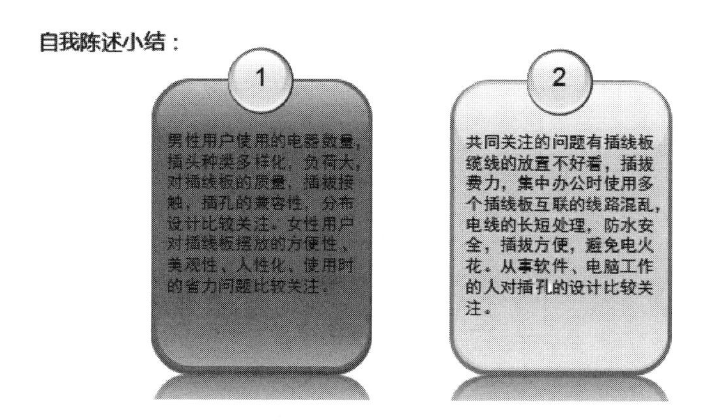

图 5.15　陈述者信息反馈

5.1.7　问卷法

问卷法是目前国内外在社会调查中较为广泛使用的一种方法。问卷是指为统计和调查所用的、以设问的方式表述问题的表格。问卷法就是研究者用这种控制式的测量对所研究的问题进行度量，从而搜集到可靠资料的一种方法。问卷法大多用邮寄、个别分送或集体分发等多种方式发送问卷，由调查者按照表格所问来填写答案。一般来讲，问卷比访谈表要更详细、完整和易于控制。问卷法的主要优点在于标准化和成本低，因为问卷法是以设计好的问卷工具进行调查，问卷的设计要求规范化并可计量。按照问卷填答者的不同，问卷调查可分为自填式问卷调查和代填式问卷调查。按照问卷传递方式的不同，自填式问卷调查可分为报刊问卷调查、邮政问卷调查和送发问卷调查。按照与被调查者交谈方式的不同，代填式问卷调查可分为访问问卷调查和电话问卷调查。

问卷问题的种类：背景性问题，主要询问是被调查者个人的基本情况；客观性问题，是指已经发生和正在发生的各种事实和行为；主观性问题，是指人们的思想、感情、态度、愿望等一切主观世界状况方面的问题；检验性问题，为检验回答是否真实、准确而设计的问题。

设计问题的原则：客观性原则，即设计的问题必须符合客观实际情况。必要性原则，即必须围绕调查课题和研究假设设计最必要的问题。可能性原则，即必须符合被调查者回答问题的能力。凡是超越被调查者理解能力、记忆能力、计算能力、回答能力的问题，都不应该提出。自愿性原则，即必须考虑被调查者是否自愿真实回答问题，凡被调查者不可能自愿真实回答的问题，都不应该正面提出。

表述问题的原则：具体性原则，即问题的内容要具体，不要提抽象、笼统的问题。单一性原则，即问题的内容要单一，不要把两个或两个以上的问题合在一起提。通俗性原则，即表述的语言要通俗，不要使用使被调查者感到陌生的语言，特别避免过于专业的术语。准确性原则，即表述问题的语言要准确，不要使用模棱两可、含混不清或容易产生歧义的语言或概念。简明性原则，即表述问题的语言应该尽可能简单明确，不要冗长和啰唆。客观性原则，即表述问题的态度要客观，不要有诱导性或倾向性语言。非否定性原则，即要避免使用否定句形式表述问题。

特殊问题的表述方式：释疑法，即在问题前面写一段消除疑虑的功能性文字。假定法，即用一个假言判断作为问题的前提，然后再询问被调查者的看法。转移法，即把回答问题的人转移到别人身上，然后再请被调查者对别人的回答做出评价。模糊法，即对某些敏感问题设计出一些比较模糊的答案，以便被调查者做出真实的回答。个人收入是一个比较敏感的问题，许多人不愿做出具体回答，给出有范围的选项会减轻被调查者的负担。例如：

您本人全年的收入是：

① 1000 元以下 □　② 1001 ~ 2000 元 □

③ 2001 ~ 5000 元 □　④ 5001 ~ 10000 元 □

⑤ 10001 ~ 30000 元 □　⑥ 30001 ~ 50000 元 □

⑦ 50001 ~ 100000 元 □　⑧ 100001 元以上 □

这样，被调查者就有可能做出比较符合实际的回答了。

回答类型：开放型回答，是指对问题的回答不提供任何具体答案，而由被调查者自由填写。例如，您对于未来汽车发展有何看法？对智能家居的发展有何期待？开放型回答的最大优点是灵活性大、适应性强，特别是适合于那些答案类型很多、答案比较复杂或事先无法确定各种可能答案的问题。同时，它有利于发挥被调查者的主动性和创造性，使他们能够自由表达意见。一般地说，开放型回答比封闭型回答能提供更多的信息，有时还会发现一些超出预料的、具有启发性的回答。但是，开放型回答的回答标准化程度低，整理和分析比较困难，会出现许多一般化的、不准确的、无价值的信息。同时，它要求被调查者有较强的文字表达能力，而且要花费较多的填写时间，会降低问卷的回复率和有效率。

封闭型回答，是指将问题的几种主要答案甚至一切可能的答案全部列出，然后由被调查者从中选取一种或几种答案作为自己的回答，而不能作这些答案之外的回答。封闭性回答一般都要对回答方式作某些指导或说明，这些指导或说明大多用括号括起来附在有关问题的后面。封闭型回答的具体方式多种多样，其中常用的有以下几种：

（1）填空式，即在问题后面的横线上或括号内填写答案的回答方式，适用于回答各种答案比较简单的问题。

（2）两项式，即只有两种答案可供选择的回答方式，适用于互相排斥的两择一式的定类问题。

（3）列举式，即在问题后面设计若干条填写答案的横线，由被调查者自己列举答案的回答方式，适用于回答有几种互不排斥的答案的定类问题。

（4）选择式，即列出多种答案，由被调查者自由选择一项或多项的回答方式，适用于有几种互不排斥的答案的定类问题，在几种答案中，可规定选择一项，也可规定选择多项。

（5）顺序式，即列出若干种答案，由被调查者给各种答案排列先后顺序的回答方式，适用于要表示一定先后顺序或轻重缓急的定序问题。

（6）等级式，即列出不同等级的答案，由被调查者根据自己的意见或感受选择答案的回答方式，适用于要表示意见、态度、感情的等级或强烈程度的定序问题。

（7）矩阵式，即将同类的几个问题和答案排列成一个矩阵，由被调查者对比着进行回答的方式，适用于同类问题、同类回答方式的一组定序问题。

（8）表格式，即将同类的几个问题和答案列成一个表格，由被调查者回答的方式。它实际上是矩阵式的一种变形。与矩阵式一样，这种回答方式也适用于同类问题、同类回答方式的一组定序问题。

混合型回答，是指封闭型回答与开放型回答的结合，它实质上是半封闭、半开放的回答类型。这种回答方式综合了开放型回答和封闭型回答的优点，同时避免了两者的缺点，具有非常广泛的用途。

例如：您目前最迫切需要解决的问题是：（请在适合的条目前打√）

□ ①提高专业水平

□ ②增加收入

□ ③改善住房条件

□ ④调换工作单位

□ ⑤找对象

□ ⑥得到理解和支持

□ ⑦其他（请说明）

您对解决这些问题是否有信心？为什么？

您认为实行最低生活保障制度好不好？（请在适当的格内打√）

□ ①好

□ ②难说

□ ③不好

为什么？

问卷法的主要步骤：第一步，编写卷首语。卷首语是问卷调查的自我介绍部分。卷首语的内容应该包括：调查的目的、意义和主要内容，选择被调查者的途径和方法，对被调查者的希望和要求，填写问卷的说明，回复问卷的方式和时间，调查的匿名和保密原则，以及调查者的名称等。为了能引起被调查者的重视和兴趣，争取他们的合作和支持，卷首语的语气要谦虚、诚恳、平易近人，文字要简明、通俗、有可读性。卷首语一般放在问卷第一页的上面，也可单独作为一封信放在问卷的前面。第二步，填写问题和回答方式。问题和回答方式是问卷的主要组成部分，一般包括调查询问的问题、回答问题的方式以及对回答方式的指导和说明等。第三步，设计编码。所谓编码，就是对每一份问卷、问卷中的每一个问题和每一个答案都编定一个唯一的代码，并以此为依据对问卷进行数据处理。为了便于计算机录入和处理，一般编码都由A、B、C、D……英文字母和1、2、3、

4……阿拉伯数字组成。编码的主要任务是给每一份问卷、每一个问题、每一个答案确定一个唯一的代码。例如：A1、A2、A3、A4，Q1、Q2、Q3、Q4，等等。根据被调查者、问题、答案的数量编定一个代码的位数。例如，被调查者在100人以下，就编定两位数；1000人以下，就编定三位数。同样，根据问题、答案的数量，也分别编定它们的位数（即1位数为0 ~ 9；2位数为0 ~ 99；3位数为0 ~ 999；4位数为0 ~ 9999）。设计每一个代码的填写方式，如（ ）（ ）（ ）等。第四步，编写其他资料。包括问卷名称、被访问者的地址或单位（可以是编号）、访问员姓名、访问开始时间和结束时间、访问完成情况、审核员姓名和审核意见等，这些资料是对问卷进行审核和分析的重要依据。第五步，编写结束语。此外，有的自填式问卷还有一个结束语，结束语可以是简短的几句话，对被调查者的合作表示真诚感谢，也可稍长一点，顺便征询一下对问卷设计和问卷调查的看法。例如，在问卷的最后可设计这样一组问题。您填写完这份问卷感到还有什么需要补充吗？如有，请写在下面。或是提供选择，例如您填写完这份问卷后有何感想？（请在适当的格内打√）

□ ①很有意义

□ ②有些用处

□ ③没有意义

□ ④不清楚

如果是访问问卷，在结束语（或卷首语）后，还应该有问卷编号、访问地点、完成情况（完成、未完成）、访问时间（何年何月何日何时何分至何时何分、合计访问时长）、访问员姓名、对回答的评价、复核员姓名、复核员的意见等内容。

5.1.8　访谈法

访谈法是通过与目标用户面对面地交谈来了解用户的心理需求和行为特征，通过招募访谈用户或者走访用户的方式进行访谈，能够简单而直接地收集多方面的用户资料。

访谈调查是访谈员根据调查的需要以口头形式向被访者提出有关问题，通过被访者的答复来收集客观事实材料。访谈目标用户可根据需求的不同而灵活调整，既可进行事实的调查，也可进行意见的征询，还可对新功能进行目标用户的内部测试。

适用范围：访谈法收集信息资料是通过研究者与被调查对象面对面直接交谈方式实现的，具有较好的灵活性和适应性。由于访谈调查的方式简单易行，尤其适合于文化程度较低的成人或儿童这样的调查对象，适用面较广。访谈调查法被广泛运用于教育调查、心理咨询、征求意见等，更多用于个性化研究，适用于调查的问题比较深入、调查的对象差别较大、调查的样本较小或者调查的场所不易接近等情况。

访谈类型以访谈员对访谈的控制程度划分为结构性访谈、非结构性访谈和半结构性访谈。结构性访谈，也称标准式访谈，要求有一定的步骤。由访谈员按事先设计好的访谈调查提纲依次向被访者提问，并要求被访者按规定标准进行回答。非结构性访谈，也称自由式访谈，非结构性访谈既不制定完整的调查问卷和详细的访谈提纲，也不规定标准的访谈程序，而是由访谈员按一个粗线条的访谈提纲或某一个主题与被访者交谈。半结构式访谈，访谈员虽然对访谈结构有一定的控制，但给被访者留有较大的表达自己观点和意见的空间，访谈员事先拟定的访谈提纲可以根据访谈的进程随时进行调整。

访谈法的特点：

（1）可以双向沟通，能够对对方所回答的内容继续追问，发挥访谈员的主动性和创造性。

（2）控制性强，能相对控制访谈环境，成功率高。

（3）收集资料广，包括访谈对象的非文字性资料和背景资料。

（4）受调查员的影响大，访谈员的价值观、社会经验、思想方式、访谈技巧等会影响访谈对象的积极性。

（5）匿名性差。

（6）调查成本大。

访谈法的优点：访谈法在调查阶段存在很多的优点，如灵活、准确、深入等。其一是灵活，这种调查方式灵活多样，方便可行，可以按照研究的需要向不同类型的人了解不同类型的材料，同时具有较大的弹性，可以根据被访者的反映，对调查问题作调整或展开。如果被访者不理解问题，可以提出询问，要求解释；如果访谈员发现被访者误解问题，也可以适时地解说或引导。其二是准确，访谈员可以适当地控制访谈环境，避免其他因素的干扰。由于访谈流程速度较快，被访者在回答问题时常常无法进行长时间的思考，因此所获得的回答往往是被访者自发性的反应，这种回答较真实、可靠，很少掩饰或作假。其三是深入，访谈员与被访者直接交往或通过电话、上网间接交往，具有适当解说、引导和追问的机会，因此可以探讨较为复杂的问题，可获取新的、深层次的信息。可以观察被访者的动作、表情等非言语行为，以此鉴别回答内容的真伪。

访谈法同时也存在着一些局限：与问卷相比，访谈要付出更多的时间、人力和物力。由于访谈调查费用大、耗时多，故难以大规模进行，所以一般访谈调查样本较小。由于访谈调查要求被访者当面作答，这会使被访者感觉到缺乏隐秘性而产生顾虑，尤其对一些敏感的问题，往往会使被访者回避或不作真实的回答。访谈员的价值观、态度、谈话的水平都会影响被访者，造成访谈结果的偏差。访谈调查是访谈双方进行的语言交流，如果被访者不同意用现场录音，对访谈员的笔录速度的要求就很高，而一般没有进行专门速记训练的访谈员，往往无法很完整地将谈话内容记录下来，追记和补记往往会遗漏很多信息。不同的被访者回答是多种多样的，没有统一的答案，这样对访谈结果的处理和分析就比较复杂，由于标准化程度低，就难以做定量分析。

访谈法的主要步骤：第一步，访谈前的准备工作。招募用户，确定访谈用户为符合产品目标用户（图 5.16）。访谈对象性情温和，符合大众用户特质不偏激，能清晰地表达自己的想法和见解。理清访谈思路，并注意访谈提纲需遵循的注意事项，以开放性问题为主。注意问题的顺序，一般先问简单的问题，逐渐深入，最后以简单的问题收尾。考虑提问的逻辑性，引导访谈顺利进行。注意谈话时需要遵循的原则，谈话进行的方式；提问的措辞及其说明；必要时的备用方案；规定对调查对象所做回答的记录和分类方法。第二步，确定访谈主题，根据所研究的产品，确定一个主题。第三步，确定访谈问题。根据确定的主题，选择一系列的问题，比如包容性的问题，它可以让我们了解到被调查者的基本信息和基本想法；筛选性问题，比较有针对性，可以让我们深入了解，区分被调查的需求。第四步，确定访谈问题的顺序。注意问题的顺序，一般先问简单的问题，逐渐深入，最后以简单的问题收尾。考虑提问的逻辑性，引导访谈顺利进行。第五步，进行访谈。第六步，整理访谈对象的回答。第七步，总结讨论。

访谈过程需要谨慎并且真诚，访谈者需要适应被访谈者，而不是让被访谈者适应访谈者。

需要有方法、有技巧地引导被访谈者说出他们经历，允许被访谈者自由发挥并跟上他们的进程（图 5.17）。

图 5.16　选定访谈对象

图 5.17　访谈进行中

5.2　创意迸发阶段

本节的设计方法常用在创意迸发阶段的调研总结、提出痛点和提出设计方案等步骤，设计方法的运用能够帮助设计师理清设计思路，发散设计思维，联系用户、服务、机会点迸发出更优秀的创意。

5.2.1　服务蓝图法

服务蓝图法是一种描述服务体系的工具，将服务的任务、提供过程的步骤以及完成任务的方法，通过流程图的方式清晰地展示出来。在服务蓝图中产生的焦点就是服务的接触点，可以通过接触点的识别提升服务质量。

服务蓝图法由三条水平线与四个关键行动领域组成（图 5.18），三条水平线分别是外部互动线、可见性服务线与内部互动线。四个关键行动领域分别是顾客行为、前台员工行为、后台员工行为与支持过程。外部互动线代表了顾客和服务企业之间的相互作用，一旦有垂直线与它相交，顾客和企业之间的直接接触就发生了；可见性服务线将服务过程中的可视性的服务行为与内部不可视的服务行为分隔开来，通过分析有多少服务发生在可见性服务线以上及以下，就可看出向顾客提供了多少服务；内部互动线把后台员工行为与服务支持过程分隔开来，如果有垂直的线与它相交，意味着发生了内部服务。顾客行为指顾客在购买、消费和评价服务过程中的行为；前台员工行为指顾客能看到的服务人员的行为；后台员工行

为指发生在幕后的支持员工服务的行为；支持过程指支持前台员工行为与后台员工行为的系统过程。

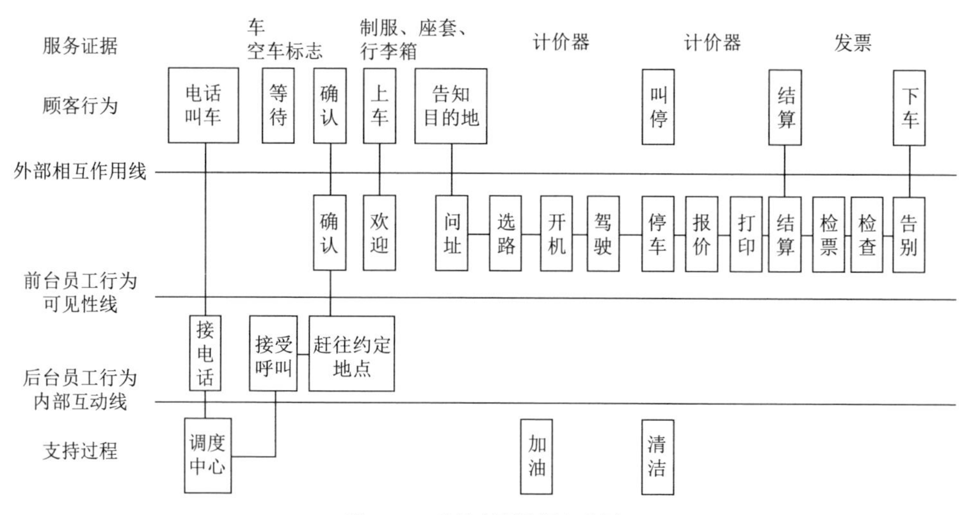

图 5.18　出租车预约服务蓝图

服务蓝图法有两个要素：一个是结构要素，另一个是管理要素。结构要素定义了服务传递系统的整体规划，包括服务过程的规划、服务的细节。管理要素明确了服务接触的标准和要求，规定了合理的服务水平、绩效评估指标、服务品质等要素。服务蓝图中的交点为服务接触点，也是服务的关键点，指的是顾客与服务之间的动态互动环节。接触点可以细分为决策点、等候点、促销点体验点、失败点。

服务蓝图的作用是促使企业全面、深入、准确地了解所提供的服务，有针对性地设计服务过程，更好地满足顾客的需要；有助于企业建立完善的服务操作程序，明确服务职责，有针对性地开展员工的培训工作；有助于理解各部门的角色和作用，增进提供服务过程中的协调性；有利于企业有效地引导顾客参与服务过程并发挥积极作用，明确质量控制活动的重点，使服务提供过程更为合理；有助于识别服务提供过程中的失败点和薄弱环节，改进服务质量。

服务蓝图法的主要步骤：第一步，识别欲建立蓝图的服务过程，明确对象。第二步，从顾客的角度用流程图的形式来表示服务过程。第三步，图示前后台员工的行为。第四步，图示内部支持活动。第五步，在每一个顾客行动步骤中加入服务证据（图 5.19）。

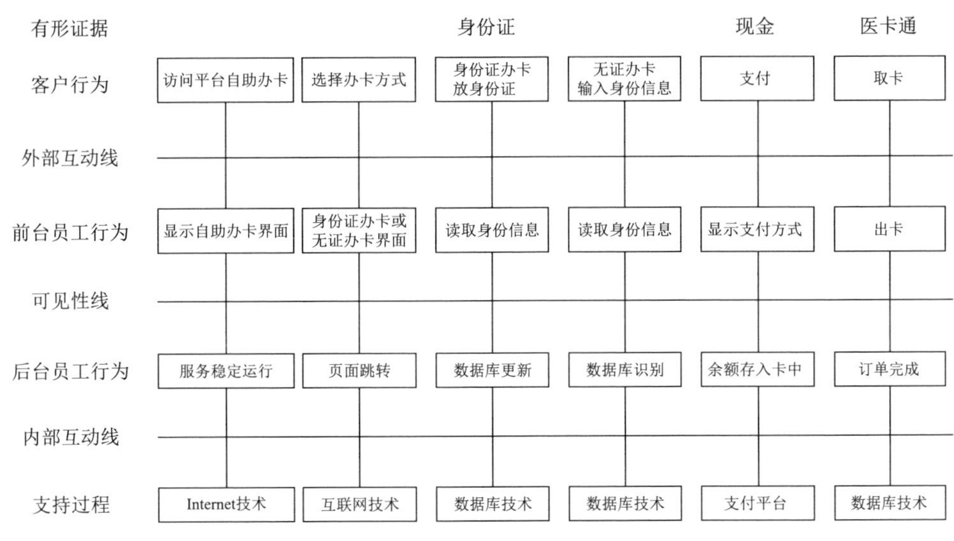

图 5.19　医院门诊自助办卡流程服务蓝图

5.2.2　亲和图法

亲和图法是一种可以有效收集观察结果和观点，并形象地将其体现出来，为设计小组提供参考数据的设计过程。如果调查之后的研究数据只是存在于笔记中，那么设计小组很难获得明确的调查结果并给出明确的设计目标。利用亲和图法，可以根据研究结果或者设计方案的相关性将其分类，得出研究的主题，使设计目标更加明确。

常见的亲和图主要分为脉络访查亲和图和可用性测试亲和图。脉络访查亲和图是将具有代表性的调查结果或者方案提取到便签纸上，然后找几张相对大尺寸的纸，把便笺纸贴在上面，然后移动便笺纸，将具有相似意图的问题、方案或者能反映出亲密关系的记录贴在一起（图 5.20），这样就可以了解到针对我们的设计问题，究竟有哪几类目标用户，以及问题本质、解决办法等。可用性测试亲和图是在可用性测试环节开始前，小组先确定代表各个参与者的便笺纸的颜色。在可用性测试进行的过程当中，小组成员在观察室内观察评价。参与者讨论任务的时候，小组成员可以在便笺纸上记录具体的观察内容和谈话内容，然后把它们张贴在墙上或白板上。通过多次可用性测试，关于界面的常见问题和难题就会浮出水面。可用性存在问题的类别会出现许多不同颜色的便笺纸，这说明好几个人都遇到了同样的问题。然后就能确定界面的哪些方面需要修复，以及修复的优先顺序。无论涉及设计的哪个方面，都应该首先修复并重新测试出现问题最多的地方。

亲和图法是一种归纳性的设计方法，它不只是一种设计工具，还是设计师和用户之间进行交流和参考的重要手段。

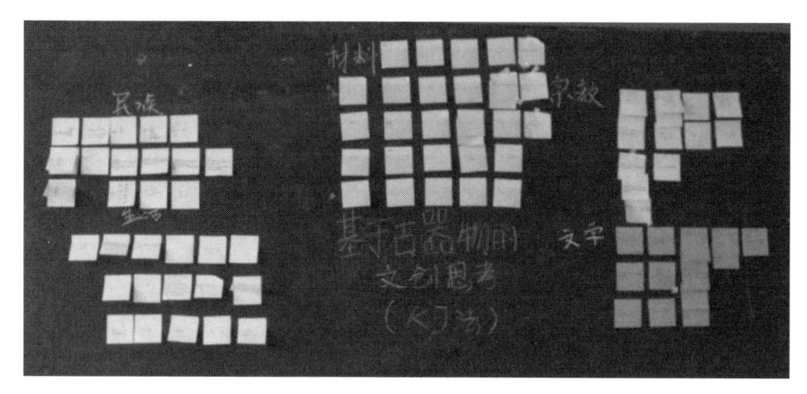

图 5.20　脉络访查亲和图

5.2.3　拼贴法

拼贴法可以为设计小组提供设计灵感，让参与者形象地描述传统方法很难表达的思想、情感、愿望和生活的其他方面。拼贴法给人一种非常直观的视觉感受，多用于对图片资料进行总结产生新的想法或收获。因自由度较高，所以可以用于信息量较大和参与人员较多时的情况，其结果有概括性和突出性的特点。在拼贴的过程中，遵循内心感受的同时要加入一定思考。

拼贴法的主要步骤：第一步，确定拼贴法的主题。第二步，收集与主题有关的大量信息，包括图像、文字、形状等，然后准备拼贴工具包括卡片、纸张、胶棒等。第三步，参与者分好小组，按照自己的理解自由发挥。例如，参与者可以表达对某种现象（技术、信息）的看法，在某些服务场所（医院、金融机构）的经历或者对家庭、工作生活的感受。一般的拼贴框架应该包括时间维度，例如过去、现在的经历和理想未来的期望。可以让参与者在空白背景上拼贴或画好基本框架、线条。参与者按照指示把文字和图像安排在线的上下方、沿轴线、某个形状或具体物体的里外。第四步，参与者完成拼贴后进行分享交流，每组参与者按照自己拼贴的逻辑进行分享，得到有关主题的不同看法。

需要注意的是，制作拼贴工具时，设计人员面临的困难是如何找到适量准确的图像和文字，不会影响参与者的观点，然而也要有足够明确符合拼贴的主题，还要为参与者提供空白的卡片、贴纸和笔，让他们在拼贴过程中可以增添自己需要的内容。运用定性分析在几个拼贴内部和拼贴之间寻找模式和主题，设计过程中可以使用或不使用特定的图像、文字和形状，可以正面或负面地使用各类元素，确定元素在页面上的位置以及各元素之间的关系。

拼贴法的操作实例：

（1）确定主题，此次研究以古代器物对现代设计的影响为题，在前期对搜集到的大量资料运用拼贴法进行归纳研究。收集信息，以图片形式为主给人以直观的视觉效果，注意资料收集的全面性与多样性，确保在拼贴过程中不会出现资料遗漏缺失等情况。确定研究主题后，小组人员合作收集大量包含范围广的不同朝代的文物图片（图 5.21）。以具有代表性的分类方式进行归纳整理，便于拼贴时能够快速高效地找到资料。小组对搜集到的图片资料以朝代更迭为线索进行归纳整理（图 5.22），便于高效地进行拼贴法。

图 5.21　收集文物图片

图 5.22　图片以朝代更迭为线索归类整理

（2）进行拼贴，按照主题和研究方向对搜集的资料进行拼贴，在拼贴过程中加入自己的理解和感受。进行思考，并得出其中存在的规律和联系。拼贴方法不要局限于一种，应并用多种方法，从而得到新的发现与收获。以朝代为线索，以材质为类别，进行整理与拼贴（图 5.23）。在此过程中，我们发现瓷器贯穿了整个时间轴（图 5.24）。随后，我们以瓷器为线索，进行具体的拼贴法分析（图 5.25）。拼贴完成后，直观分析拼贴图，根据拼贴结果进行归纳（图 5.26），总结整理并得出结论（图 5.27）。

图 5.23　拼贴过程

图 5.24　拼贴时间轴

图 5.25　以瓷器为线索拼贴

图 5.26　瓷器拼贴结果

图 5.27　瓷器拼贴结果整理

小组成员对拼贴图进行分析与讨论，得到以下结论：随着时间的变迁，瓷器的色彩与形态愈加丰富多彩。在此过程中，我们发现唐朝的瓷器相对于其他朝代来说，风格相对独立，并可利用得出的结论来研究其对现代设计的影响因素。

5.3　草图设计阶段

5.3.1　坐标轴分析法

坐标轴分析法是一种将人、机、环境等因素放于坐标轴上，然后根据设计问题和设计目标，在每一个坐标点分析可能存在的设计需求，并给出设计方案的方法。

坐标轴分析法的主要步骤：第一步，确定设计主题。第二步，建立一个坐标，将使用情景置于 X 轴，适用人群置于 Y 轴。第三步，将 X 轴和 Y 轴依次连接，每一个交点即为该用户在该情景环境下的产品需求。第四步，根据用户的需求考虑适合目标用户的相关产品。

坐标轴分析法的操作实例：

确定设计主题为火灾应急产品设计，建立一个坐标轴，将使用情景大致分为家庭、办公室、教室、商场、公园五类，分别落于 X 轴。将用户人群大致分为婴儿、儿童、青年、中年、老年五类，分别落于 Y 轴（图 5.28）。

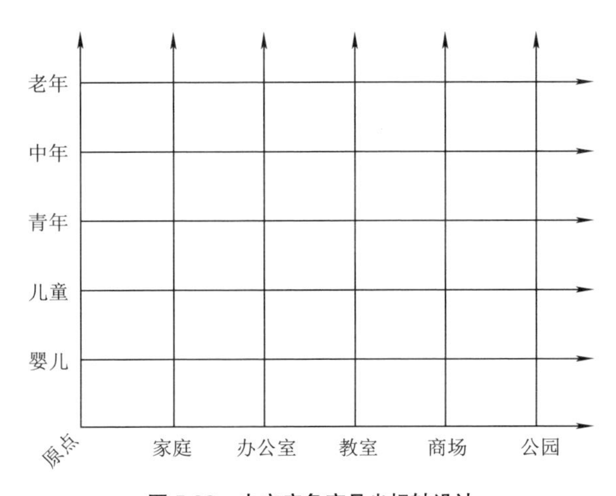

图 5.28　火灾应急产品坐标轴设计

将 X 轴和 Y 轴依次连接，每一个交点即为该用户在该情景环境下的产品需求（图 5.29）。婴儿是没有自主行为能力的，其主要活动范围是家庭，所以适用于婴儿的火灾应急产品以防护用品为主，在他们没有自行采取急救措施的能力情况下，能够保护他们的生命安全。儿童是有半自主行为能力的，其主要活动范围是学校、教室，因此适用于儿童的火灾应急产品以逃生用品为主，在火灾发生时，该产品应能够帮助孩子们顺利逃生。青年和中年是有完全行为能力的人，主要活动范围是家庭、办公室和商场，因为中青年人有了完全行为能力，且可以尽自己的力量帮助别人，所以针对他们在办公室设计的火灾应急产品是救护产品，不仅能够帮助自己，还能够帮助他人。在商场属于人多密集型地区，火灾发生时首先应该疏散群众，所以主要为逃生用品。老年人身体开始退化，退休后主要活动场所为商场和公园，在危险发生时，需要保证自己的安全，所以适合他们的火灾应急产品为逃生用品和避难用品。标注完坐标点之后，需要将产品进行细化分析，画出草图，设计出使用户满意的产品。

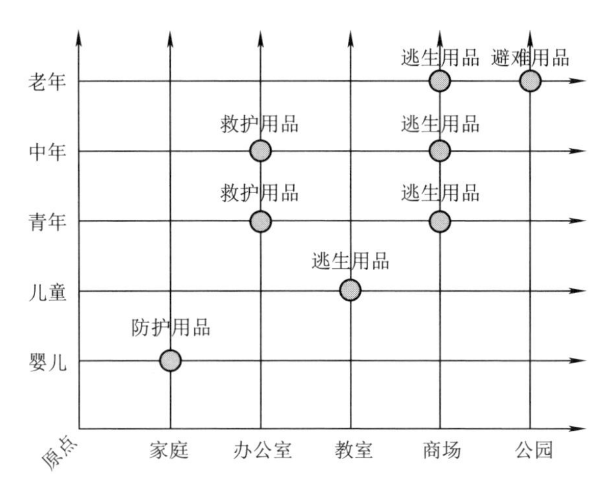

图 5.29 火灾应急产品坐标轴中交点的产品需求

5.3.2 头脑风暴法

头脑风暴法出自“头脑风暴”一词。所谓头脑风暴（Brain-storming），最早是精神病理学上的用语，是针对精神病患者的精神错乱状态而言的，如今转而为无限制的自由联想和讨论，其目的在于产生新观念或激发创新设想。

在群体决策中，由于群体成员心理相互作用影响，易屈从于权威或大多数人的意见，形成所谓的“群体思维”。群体思维削弱了群体的批判精神和创造力，损害了决策的质量。为了保证群体决策的创造性，提高决策质量，管理上发展了一系列改善群体决策的方法，头脑风暴法是较为典型的一个。

头脑风暴法的主要步骤：第一步，准备阶段，企业形象策划与设计的负责人应事先对所议问题进行一定的研究，弄清问题的实质，找到问题的关键，设定解决问题所要达到的目标，同时选定参加会议人员，一般以 5～10 人为宜，不宜太多，然后将会议的时间、地点、所要解决的问题、可供参考的资料和设想、需要达到的目标等事宜一并提前通知与会人员，让大家做好充分的准备。第二步，头脑风暴法热身阶段，这个阶段的目的是创造一种自由、宽松的氛围，使大家得以放松，进入一种无拘无束的状态。主持人宣布开会后，先说明会议的规则，然后随便谈点有趣的话题或问题，让大家的思维处于轻松和活跃的境界。如果所提问题与会议主题有着某种联系，人们便会轻松自如地导入会议议题，效果自然更好。第三步，头脑风暴法明确问题，主持人简明扼要地介绍有待解决的问题。介绍时须简洁、明确，不可过分周全，否则过多的信息会限制人的思维，干扰思维创新的想象力。第四步，头脑风暴法重新表述问题，经过一段讨论后，大家对问题已经有了较深程度的理解。这时，为了使大家对问题的表述能够具有新角度、新思维，主持人或书记员要记录大家的发言，并对发言记录进行整理。通过记录的整理和归纳，找出富有创意的见解，以及具有启发性的表述，供下一步畅谈时参考。第五步，头脑风暴法畅谈阶段，畅谈是头脑风暴法的创意阶段，为了使大家能够畅所欲言，需要制订规则：第一，不要私下交谈，以免分散注意力；第二，不妨碍他人发言，不去评论他人发言，每人只谈自己的想法；第三，发表见解时要简单明了，一次发言只谈一种见解。主持人首先要向大家宣布这些规则，随后导引大家自由发言、想象、发挥，使彼此相互启发，相互补充，真正做到知无不言，言无不尽，畅所欲言，然后将会议发言记录进行整理（图 5.30）。第六步，头脑风暴法筛选阶段，会议结束后的一两天内，主持人应向与会者了解大家会后的新想法和新思路，以此补充会议记录。然后将大家的想法整理成若干方案，再根据企业形象设计的一般标准，诸如可识别性、创新性、可实施性等标准进行筛选。经过多次反复比较和优中择优，最后确定 1～3 个最佳方案（图 5.31）。这些最佳方案往往是多种创意的优势组合，是大家集体智慧综合作用的结果。

图 5.30　头脑风暴发言整理

图 5.31　择优选择头脑风暴方案

5.4　设计深入阶段

在设计深入阶段需要对选定的方案进一步深化，利用本节的设计方法可以发散设计思路，寻找更加丰富的创新点，对设计方案进行深化。

5.4.1 拟人形

发现像人一样的外形或展现类似人类的性格诉求就是拟人形的设计方法，人类对应用拟人化的方式去创作某些形式和图案十分感兴趣，特别是模仿人脸和人体比例的形状和图案。这种仿效的倾向运用在设计上，是一种非常有效的手段。既可以引起消费者关注，建立积极正面的互动，同时在某种程度上又可以激发人们对产品的情感诉求，以达到共鸣。

可口可乐公司是全球最大的饮料厂商，提到可口可乐，你第一个想到的一定是它经典的弧形玻璃瓶，从小到大，伴随着一代又一代人的成长。可是你知道吗，最初的可口可乐瓶并不是现在这样的。1899 年，可口可乐公司当时的总裁的阿萨·凯德勒以 1 美元的价格售出可口可乐在美国大部分地区的装瓶权。这一年，美国田纳西州的查塔努加市因此成为首个开设可口可乐装瓶厂的城市。当时所用的瓶子是带有金属塞的直身哈金森玻璃瓶（图 5.32）。1906 年，美国装瓶厂大量使用雕刻有可口可乐浮雕商标的琥珀色直身瓶（图 5.33）。1906 年，贴有菱形商标贴纸的可口可乐瓶在同行竞争者的包装中脱颖而出。

图 5.32 哈金森玻璃瓶

图 5.33 琥珀色直身瓶

可口可乐的巨大成功和蓬勃发展引得竞争对手们纷纷效仿，他们对可口可乐的名称和标志略作变体，贴在瓶子上。面对大量的仿冒商品，可口可乐公司于 1915 年推出了经典的曲线瓶，因为瓶身设计采用了拟人形的法则，瓶身呈现了女性的身体比例，所以被冠以“梅蕙丝”瓶（图 5.34）。新包装打破了传统瓶子的设计模式，打破了笔直且没特色的瓶身设计传统。瓶身独一无二，哪怕在黑暗中仅凭触觉也能辨别出可口可乐，甚至仅凭打碎在地的碎片，也能够一眼识别出来。新瓶子除了具有新颖的曲线设计外，同时还赋予了拟人化的情感投射，包括健康、活力、性感和女性特质，并以此来吸引人们关注。“梅蕙丝”瓶的设计十分成功，一上市便大大增加了可口可乐的销量。

图 5.34 “梅蕙丝”瓶

在设计中，并不是提到“拟人形”就一定是拟人脸或者拟人体才能吸引大众，其实“拟人形”法则的核心就是有机形态在人们情感上的共鸣和消费上的吸引。在现代主义、极简风格大行其道的当今社会，有机形态似乎更能让人们产生情感上的共鸣，在冰冷的社会中找到一些温暖。因此，有机形态的运用会使人们觉得亲切，使他们乐于购买这些产品。

拟人形是一种吸引注意力和建立感情联系的好手段。在设计应用中，运用抽象的线条来表达拟人手法会比写实的拟人形态更能获得人们的注意力，而不仅仅是一款长得像人的产品。值得注意的是，不同的人体造型给人的情感共鸣是不同的。在设计时，需要结合产品自身的定位来确定是用什么样的形态，比如利用柔美的女性比例或者迷人的线条可以诱发人们对于性感和活力的联想，利用棱角的几何造型则能表现男性的刚劲有力，利用圆圆胖胖的形状可以给人一种孩子般的纯真快乐。

拟人形是一种非常好的设计手段，能够充分吸引人们的注意力，并与消费者之间建立一种情感上的链接，使消费者对产品产生认同感。在功能上并不一定比传统形态的产品具有优势，但是大多数人会因为它的外形而认定其功能更好。

5.4.2 娃娃脸偏见

娃娃脸偏见是指一种看到有娃娃脸特征的人或物，感觉比成熟的脸庞更为天真无邪、诚实无助。人们对娃娃脸的偏爱程度可以从日常生活中得以窥见。大人对于孩子总是充满怜爱的，他们看起来懵懂天真，让人充满保护欲。同样，对于长着一张娃娃脸的成年人来说，人们也会普遍认为其比较天真、善良、友好。将娃娃脸放在产品的造型语言上，一般是饱满、大大圆圆、可爱、曲线等，这样的造型让人们觉得产品充满了童趣，而且对人非常友好和适用。但是，每个产品都有属于自己的使用场景，如果是比较严肃的产品，比如军用产品、法律产品，则不适用娃娃脸造型语言，会给人一种不庄重、轻蔑的感觉。娃娃脸的特征包括圆脸、大眼睛、小鼻子、高额头、短下巴。超级新生儿或超成熟的脸庞特色，通常只出现在卡通人物或神话人物上。娃娃脸的特征被认为与无助和纯真有关，而成熟的脸庞则被视为与学识和权威相关。

5.5 设计批评阶段

在市场反馈、用户优缺点评估、产品合理性分析等方面可以使用的设计方法，通过本节设计方法的运用，设计师能够更容易寻找到用户对产品的反馈，从而对设计升级提供信息。

5.5.1 故事板

故事板以可视化的方式叙述故事，帮助设计人员从用户的角度考虑技术和形式因素的使用背景。

在工业设计中，大家经常会用到一些针对用户调研而定的方法论去了解用户的行为、需求和痛点。在调研结束后，就需要将调研结果整合反馈，如果单纯以文字的形式去呈现这些内容，通常无法将设计信息最大化传达，或者让人难以理解，影响最终设计方案的形成。故事板主要应用于设计程序中的两个阶段：初期定义阶段，建立人物角色去说明目标用户的背景以及需求，从而从侧面阐述设计问题。传统的人物角色都是以文字的形式来呈现，当建立背景较为复杂的人物角色时，可以利用故事板来传达丰富的信息。后期发表阶段，灵活运用故事板可以向用户清晰明确地解释产品的使用方法和流程，以及环境、产品、用户、交互形式等问题。

主要步骤：第一步，建立故事板脚本。第二步，为故事脚本添加情感。第三步，进行分镜。第四步，绘制完成。

操作实例：

将所需要表达的内容建立设计脚本，并用箭头连接它们之间的叙事顺序（图5.35）。故事板的绘制要注意抓取故事连接点，并重点地予以呈现。一般包括上下文、触发点、人物在过程中的决定、遇到的问题或者问题的解决结束。接下来给故事添加情感。在每个步骤中加入表情符号（图 5.36），试着把每个情绪状态都画成一个简单的表达，帮助别人感受人物思想的变化。将故事内容进行镜头划分，强调故事的结构性完整（图 5.37）。最后，将图像完整深化，绘制完成（图 5.38）。

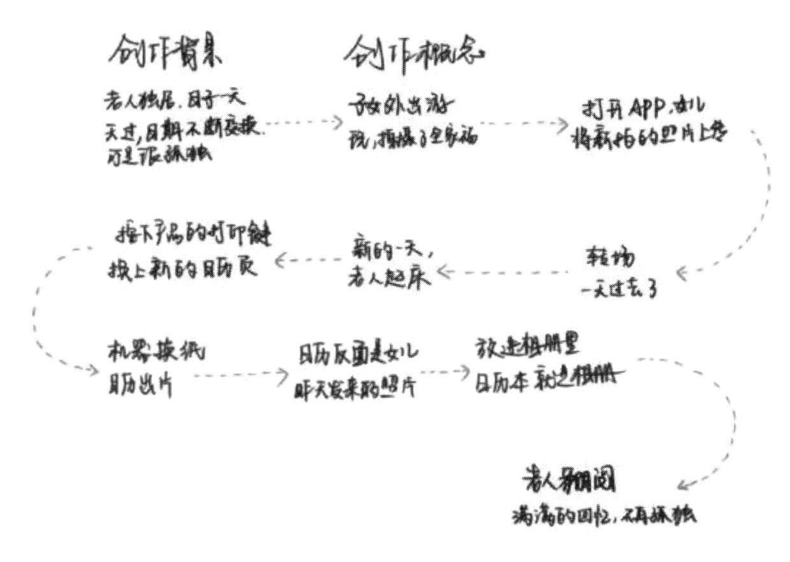

图 5.35　故事脚本

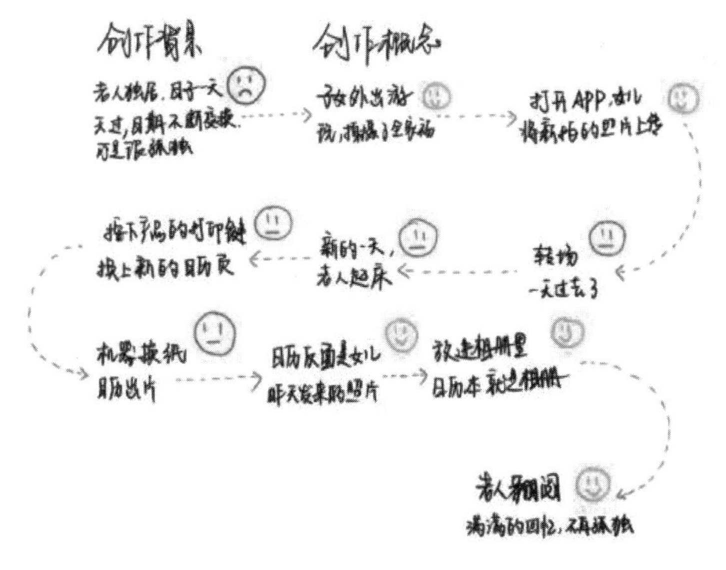

图 5.36　在故事步骤中加入表情符号

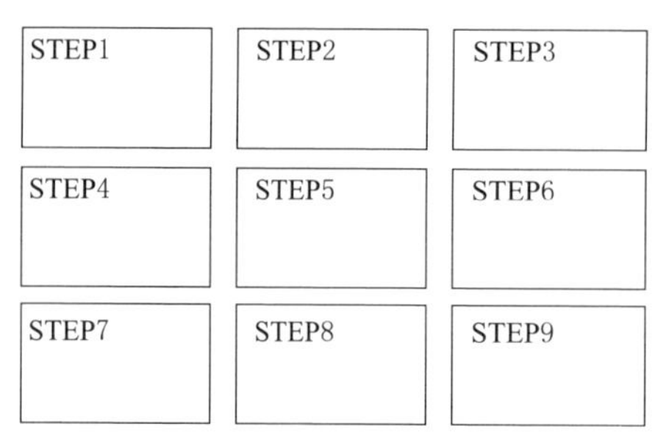

图 5.37　故事镜头划分

图 5.38　故事板绘制完成

5.5.2　焦点小组

焦点小组通过谈论体验的方式获得对产品、服务、活动、品牌等的使用感受、意见、建议。以引导并倾听特定被调查者对于问题深入了解为目的，通过主持人与参与成员以半结构的形式进行交流的方法。

主持人的注意事项：主持人要避免自身主观性的影响，不能为了得到某个特定答案进行有意识的提问，而应该采用得到更广泛答案的问题。主持人要起到引导作用，当有人跑题时，要适时地终止或拉回题目本身；当有参与者提到事先没考虑到但有价值的新内容时，要立即带领大家深入参与讨论；在某个问题讨论得不够深入时，要能够理性选择立即继续跟进、或等后面时机再次返回切入。主持人要有控场能力，当有参与者打断他人发言时，要进行适当的忽视与压制。若有人羞于表达，要进行得体而不动声色的鼓励，若有人注意力不集中，要给予适当的压力。主持人要身兼多个角色，并在其中切换自如，当参与者思维活跃时，主持人要不干预、不干扰，当讨论氛围冷淡时，主持人要适当地活跃氛围。在选择参与成员时，避免选择有参加焦点小组经历的人，避免亲友同事关系，因为这些人群会影响发言和讨论。选择调查人群时要根据主题选定，比如调查运动类问题时，要选择相应的用户（如运动员、健身爱好者等，而非老人、儿童等）。在进行讨论前，需要营造一种轻松愉悦的气氛，为了使讨论更加深入，要尽量选择较少的参与者和尽量长的讨论时间。

主要步骤：第一步，确定调研主题，大家各自谈论关于主题的设计问题。第二步，确立参与主持人，主持人事先了解参与的注意事项。第三步，进行讨论并记录过程，在讨论过程中，一个人的问题可能会激发其他成员的经验和感受，循序渐进地让讨论持续进行（图 5.39）。第四步，分析与总结，通过对主题问题的讨论，阐述了遇到的设计问题，焦点小组可以充分讨论发现的问题，为下一步设计做好准备。

图 5.39　焦点小组讨论

5.5.3　情书与分手信

人们通过浅显易懂的媒介或形式，利用情书与分手信这种方法表达自己对产品或服务的情感。然而信件的对象不是真实的人，而是产品，参与者根据要求将产品拟人化，给产品写信。写信能体现出人们在生活当中与产品或服务之间的关系，而且通常会得到出乎意料的结果。在产品选择方面，需要注意产品最好是生活中争议较大的产品，产品是大众化的，被接触较多的产品，它同时具有较多优点和缺点。对于参与者，要求能够合理准确地表达出自己内心对产品的真实诉求。

主要步骤：第一步，选择写情书与分手信的对象。第二步，选取合适的参与者被调查者。第三步，以拟人化的角度对产品进行情书与分手信的书写。第四步，参与者将情书与分手信声情并茂地朗读出来，并进行影视资料摄制。第五步，从情书与分手信以及影像资料中提取产品的优缺点等有效信息并加以整理，以备之后设计使用。

操作实例：

选择写情书与分手信的对象：空调。选取合适的参与者被调查者：工作室的小组成员们。

以拟人化的角度对产品进行情书与分手信的书写（图 5.40）。参与者将写好的情书与分手信声情并茂地朗读出来，与大家分享（图 5.41）。从情书与分手信以及影像资料中提取产品的优缺点等有效信息并加以整理，以备之后设计使用。

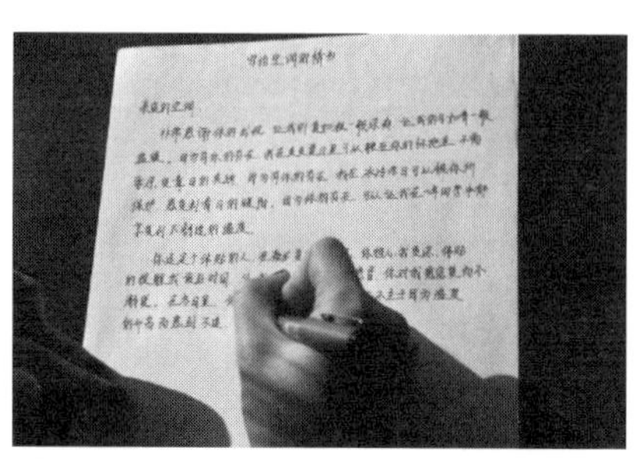
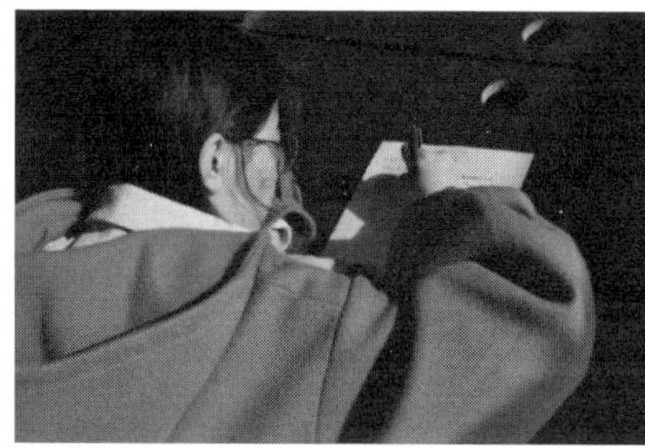

图 5.40　书写情书

图 5.41　朗读情书

5.5.4　涂鸦墙

涂鸦墙是在墙壁或其他物体表面张贴大尺寸的纸张，并在旁边用线系好几只笔，如同一张开放的画布，使参与者可以随意地写下或画出对于使用对象的评价。通过自然的方式，鼓励人们随意匿名地评论环境空间、系统或设施等，激发人们的参与性。

优点在于涂鸦的方式更有随意性与参与性，灵活性强，是一种低成本高效率的方法，适用于任何地方，并且收集关于研究对象的具体问题以及改进意见，能够得到直接用户的直接反馈。缺点在于，几乎没有办法控制参与者，也不知道提供信息的参与者的具体身份，无法分析人群，或参与者大多写的中规中矩，没有涂鸦感。

涂鸦墙需要注意的是，选取人流量大的地方作为实验场地。在涂鸦墙旁边准备几只备用的笔，方便参与者涂鸦。纸张可以是空白的，也可以在上面写下指导性问题，引导人们对某个主题做出评论。根据不同的环境，涂鸦墙可以比较随意地布置安排，必要时可以安装电子设备记录参与者的参与过程。

主要步骤：第一步，选取一个涂鸦主题。第二步，确定涂鸦墙的安放地点。第三步，将涂鸦墙进行分区，分为好的用户反馈和不足的需要改进的意见。第四步，在旁边附上笔，让参与者无压力地进行涂鸦（图 5.42）。第五步，收集用户的评价，进行整理反馈。

图 5.42　自助咖啡机涂鸦墙（一）

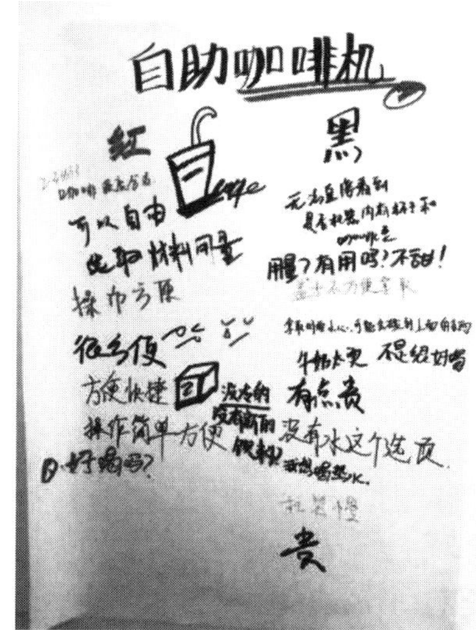

图 5.42　自助咖啡机涂鸦墙（二）

第6章 应用案例

6.1 案例一：亲情日历

6.1.1 前期调研阶段

设计主题：帮助老年人排遣孤独感。

小组利用头脑风暴法进行思维发散，寻找关于老年人孤独所产生的问题和需求（图 6.1），然后利用亲和图法将所得的内容进行分类（图 6.2）。

图 6.1 小组头脑风暴

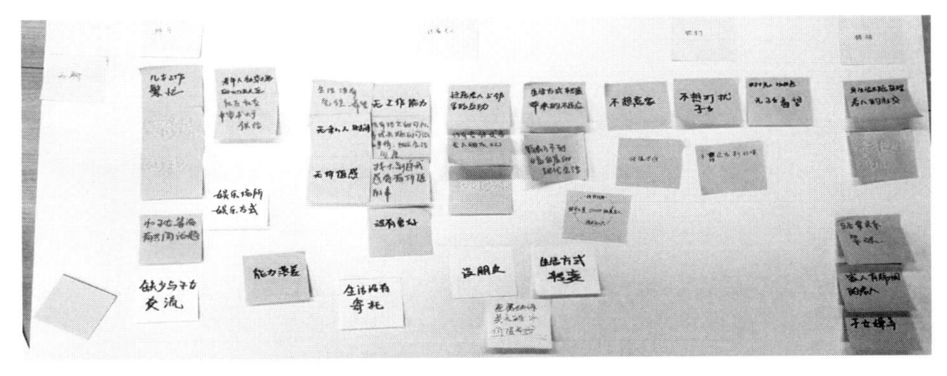

图 6.2 亲和图法分类

确定好所需的主题之后，小组到养老院进行调研（图 6.3）。

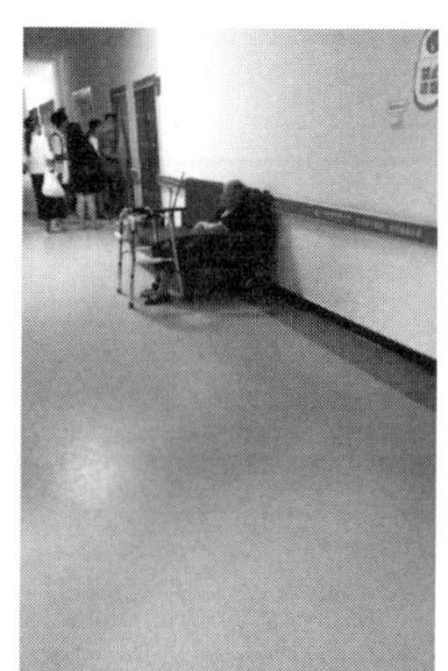

图 6.3　养老院实地调研

通过调研我们总结了老年人产生孤独感的原因主要有以下几种：

（1）缺少与子女的交流：子女工作繁忙，缺少与子女的互动，对子女不够了解，缺少共同话题。

（2）生活方式发生转变：随着城市化的进程加快，许多老人也迁居进城，生活方式发生了改变，老人难以适应。

（3）生活失去寄托：因为退休或者失去工作能力，心理产生落差，找不到生活的价值感，难以获得肯定。

（4）缺少娱乐场所和娱乐方式：社区建设不合理，缺少老人的活动空间。

（5）缺少朋友。

（6）社交圈子小，邻里交流少。

经过评价，最终将设计主题确定为老人与子女缺少交流。

6.1.2 创意迸发阶段

设计背景：

（1）伴随着中国计划生育政策的实施，传统的核心家庭结构发生变化，4-2-1的家庭结构成为主流，家庭规模日趋小型化，打破了传统上的三代人甚至四代人同居的家庭模式。

（2）现代社会中老人和子女都要求有自己的“自由空间”。

（3）城市化过程中，中青年人生存压力大，大量的中青年人离开父母，选择进入大城市。

设计定位：针对老人与子女缺少交流互动的设计（图6.4）。

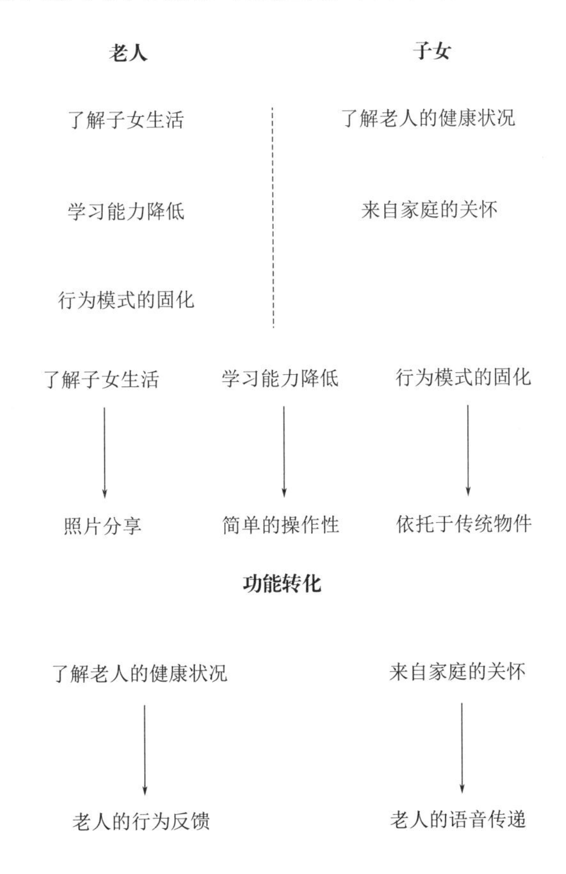

图6.4 设计定位

6.1.3 草图设计阶段

元素提取：卷轴 + 老黄历（图 6.5）。

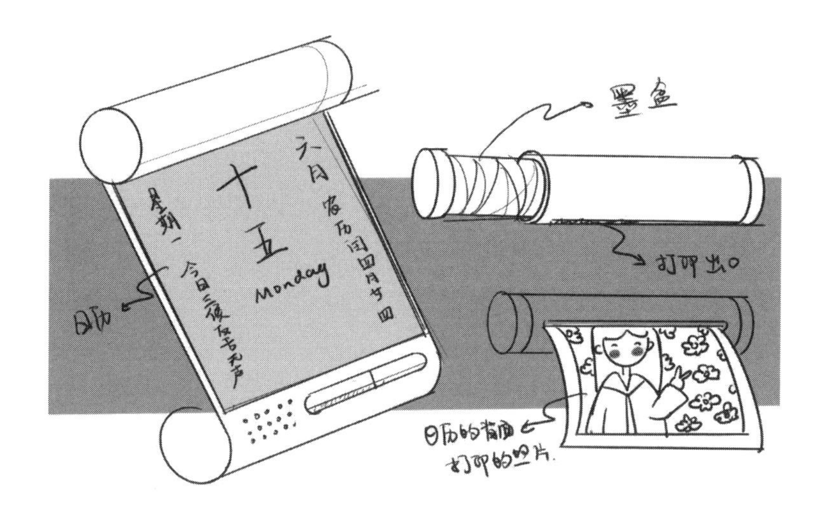

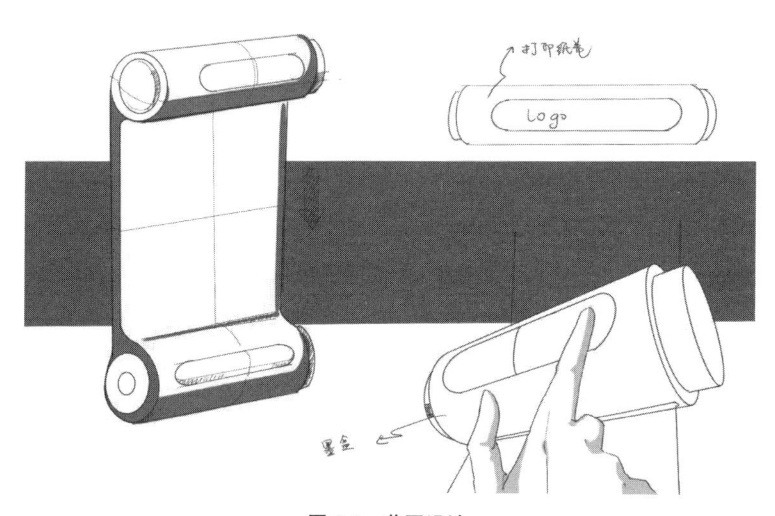

图 6.5 草图设计

6.1.4 设计深入阶段

模拟老年人的使用流程，并用故事板表达出来，在此过程中发现在使用过程中依然可能会存在的问题，然后进行改进，不断对方案深化（图 6.6）。

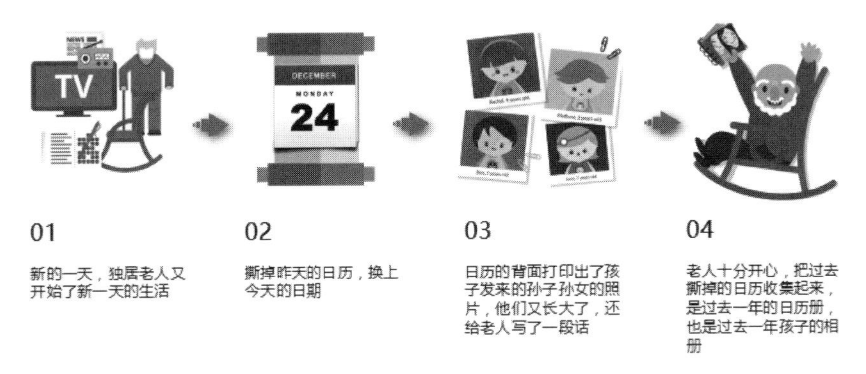

图 6.6　故事板设计

6.1.5　设计实施阶段

将方案进行 3D 建模，并进行渲染。最后将整个产品的特点和使用方法描述清楚。该产品主要结构由卷轴外壳、打印机、磨合、日历卷、语音控件五部分组成（图 6.7）。该产品将老年人熟知的操作与年轻人熟悉的操作相结合，采用日历的形式，赋予日历新的功能与意义。子女在 APP 端写下自己想对父母说的话（图 6.8），并配上自己的照片，父母在第二天换掉日历的时候会打印出子女发来的照片和文字留言（图 6.9），撕下日历，日历会为子女端传送一个反馈信息，让子女知道老人的情况是安全的。老人也可以按住语音键来给子女留言（图 6.10），子女可以在日历 APP 上进行查看，此产品相当于一个针对子女和父母之间的私人朋友圈。老人还可以将私下的日历收集起来（图 6.11），一年之后，这不仅是过去一整年的日历，而且还是过去一年孩子的相册，可以看到子女每天的成长，亲情日历建立了一个父母与子女之间的平衡点。

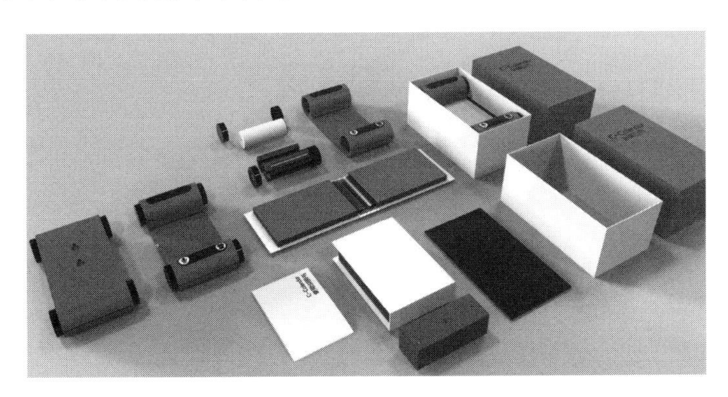

图 6.7　亲情日历结构组成

图 6.8　子女通过 APP 留言

图 6.9　打印照片

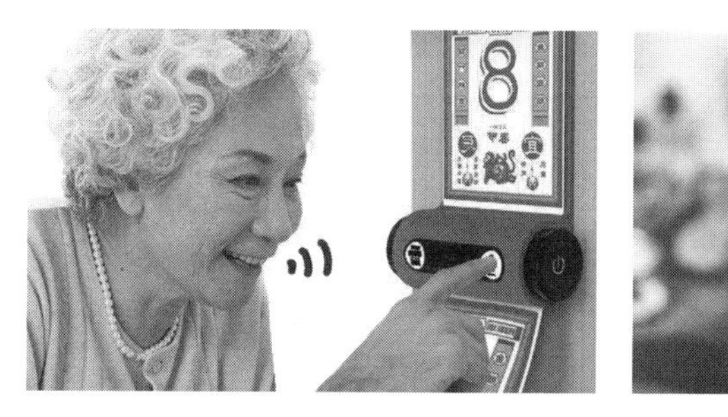

图 6.10　亲情相册语音功能

图 6.11　收集日历相册

6.1.6 设计批评阶段

该产品是一个软件硬化的过程。很多人会说，这么一个简单的功能，为什么不做一个 APP 呢？更省心，更方便。可是很多老年人对智能产品还不够敏感，在接触一个新的 APP 时需要耗费很大的学习精力，而硬化为产品，简化其功能，从老年人的使用体验考虑，会更友好一些。

当然也不能因为这些因素就单纯地评价其为一个成功的产品，其功能和外观还有很大的提升空间，比如除了和子女之间的交互，是否还要增加和朋友之间的交互。

6.1.7 设计反思

随着社会的发展，老年人的晚年生活有了更多的选择和可能性，以子女为中心的老年人会越来越少。在未来，此产品将不再是一个良好的沟通交互产品，所以伴随着产品生命周期，必须不断迭代更适合的产品，这是每一个产品设计师的责任和义务。

6.2 案例二：全视野公交设计

6.2.1 前期调研阶段

设计主题：把我的爱留给你

6.2.1.1 人群分析

世界上各形各色的人千千万万，贫穷或富有，善良或恶毒，但是不管哪一个群体都有不同程度的烦恼，都有所需求或需要帮助。需要我们大家关注的人群有很多，为了更全面地分析问题，小组从三个方面寻找需要关爱的人群。

根据年龄段寻找人群：

（1）婴幼儿时期。处于一个什么都需要父母照顾的时期。

（2）幼儿园时期。孩子开始上学，接触不同的朋友与伙伴，与别人的相处是否融洽是目前该阶段孩子们的主要问题。

（3）小学时期。七八岁时，小孩子的左脑开始发育，内心的逻辑能力提升，开始会自己思考，这个阶段注重培养兴趣，发挥个性。

（4）初中时期。男生开始叛逆，女生开始成熟。

（5）高中时期。十六岁到十八岁，学业繁忙，重心全部放在学习上，也会出现早恋的现象。但是高中毕业后，很多情侣面对着异地恋或者直接分手，心情很难平复，需要关心。

（6）大学时期。大学不再像高中时期一样需要把生活重心全部放在学习上，业余生活全部由自己支配。这便开始出现很多人无所事事、游手好闲的情况，他们其实很值得同情，既意识不到自己所处的环境，又不知自己正在一步步堕落，需要警醒和关心。

（7）大学毕业时期。大学毕业后面临的首要问题便是找工作，这个时期大学生们开始认识到生活的困难与压力，认识到社会的不善意。开始质疑自己，询问自己大学时都在干些什么。当找到工作后，会非常珍惜这份工作，丝毫不敢懈怠。一方面有可能会受到同事的排挤，遇到职场前辈的刁难，另一方面刚开始工作时很拼，经常熬夜，身体会处于亚健康状态，精神压力大，需要正能量引导。

（8）成家立业时期。当人们成立自己的家庭后，生活重心开始发生变化。人们不仅仅需要考虑自己的生活问题，还需要学会处理夫妻关系，有了自己的孩子之后，更要承担起父母的责任，这便产生了怎样教育孩子的问题。

（9）中年时期。孩子的学业问题与教育问题是重中之重，与另一半的婚姻保鲜问题也是一个关注点。除此之外，事业上的升职加薪问题也开始浮现出来。然而当这些问题全部解决之后（当事业稳定，家庭牢固后），也应该注重运动、保健，以及娱乐消遣。

（10）老年时期。空巢老人是一个极具代表性的现象。子女都已经长大成人，成家立业，离开父母过自己的日子了。可能家庭条件优越的老人或者有退休金的老年人，在物质上并不需要太大的关心，身体状况也良好，然而子女不在身边，就会感到寂寞，他们更加需要生活上的陪伴与娱乐的趣味性。

根据职业寻找人群：

（1）公务员行业。教师是一个生活中不可或缺的角色，承担着教书育人的伟大责任。这个行业的人文化水平高，思想觉悟高，处于社会的中上游阶层，享受着良好的社会福利。

政府部门工作者处于相对重要的社会地位，享受良好的工作环境，也是有着相对的高文化水平与政治觉悟高的群体。

（2）商人，个人企业工作者。不管是经商还是自己创业，可能收入处于一个高等的水平，物质上的生活达到了小康水准，但是也会有失败的黑暗面。一方面对于那些创业失败的人来说，他们面临的首要问题便是生存问题；从另一方面来说，在他们光鲜亮丽的背后，也是有为此所付出的辛苦。

（3）工人。工人的涵盖范围比较大，如建筑工人、车间工人，等等。这类工作者往往是用体力劳动换取报酬，属于最平常的一种劳动力。

（4）设计师。设计师在生活中不如老师、司机等这类职业常见。但是设计行业作为21世纪的新兴行业，在未来更加是一种不可缺少的行业。同样的，设计师也面对着生活的巨大压力。令设计师头疼的一个问题便是与客户之间的交流问题，产品是否合客户的心意，甲方是否满意，等等。此外，设计师经常需要熬夜，需注意身体的保养。

（5）其他。各种各样的职业数不胜数，汽车司机、出租车司机、公交车司机、空乘、餐厅老板、服务员，等等。对于司机，他们的问题往往是安全问题。在行驶的过程中，不仅仅保障的是自己的安全，同时保障也有乘客的生命安全。服务员也是生活中常见的职业，不管是餐厅服务员、影院售票员还是购物中心的售货员。作为服务行业的从业者最重要的便是与顾客之间的交流。“顾客就是上帝”是服务行业的一句名言，这是服务员对于自己的一种更强有力的自我提醒与自我约束。

根据疾病癖好寻找人群：

洁癖是强迫症的一种表现，即把正常卫生范围内的事物认为是肮脏的，并为此感到焦虑，强迫性地清洗、检查及排斥“不洁”之物。分肉体洁癖、行为洁癖和精神洁癖。较轻的洁癖仅仅是一种不良习惯，可以通过脱敏疗法、认知疗法来纠正。较严重的洁癖属于心理疾病，应该求助于心理医生。

考试综合征是指患者由于心理素质差、面临考试情境产生恐惧心理，同时伴随各种不适的身心症状，导致考试失利的心理疾病。如不及时纠治，可形成恶性循环。考试是人类现实生活的一门必修课，也是接受社会化学习和教育的途径。孩子从容应考是其成功的必备心理能力。

数学恐惧症是指对数学怀有恐惧，这种患者在解含有x的方程或者其他数学问题时，神经做出的反应和经历肉体疼痛是相同的。这些人大多是在不能很好地理解数学时，接触到比较难的数学题，才造成对数学的恐惧，但是人生中很多问题与数学是没有关系的，数学学不好也可以很好地生活。

焦虑症又称为焦虑性神经症，是神经症这一大类疾病中最常见的一种，以焦虑情绪体验为主要特征。可分为慢性焦虑（即广泛性焦虑）和急性焦虑（即惊恐发作）两种形式。主要表现为：无明确客观对象的紧张担心、坐立不安，还有植物神经功能失调症状，如心悸、手抖、出汗、尿频及运动性不安。注意区分正常的焦虑情绪，如焦虑严重程度与客观事实或处境明显不符，或持续时间过长，则可能为病理性的焦虑。

确定标准，筛选需关爱人群（图 6.12）。

筛选标准 / 需要筛选的人群	过度劳累	特殊需求	心理需求（认同感）	价值体现	有损身体	社会关爱	相对得分	备注
考试综合征患者	1	0	1	1	0	0	3	
司机	1	1	1	1	1	0	5	需要关爱，且问题众多
毕业没找到工作的大学生	0	1	1	1	0	0	3	
孤寡老人	0	0	1	1	0	1	3	
左撇子	0	1	1	0	0	0	2	
教师	1	0	1	1	1	1	5	需要关爱，但社会关注度较高，暂时靠后
失学儿童	0	1	1	0	0	1	3	
留守儿童	0	1	1	0	0	1	3	

图 6.12　人群筛选标准

通过以上对于生活中的一些人群的分析，我们不难发现：人生在世并不能事事如意，不管是人民教师，还是司机、老板等，处于人生的不同阶段，都会遇上各种各样的挫折与麻烦。

发现特定人群面临的问题，公交司机为例。

公交司机职业病问题：

（1）前列腺炎。公交司机由于长时间久坐，无法放松活动，极易对下尿路造成压迫，影响其血液循环，造成前列腺炎症的发生。此外，由于司机饮水少却又经常憋尿等，对尿路造成直接刺激，也容易使前列腺炎的症状加重，从而出现尿频、排尿困难、尿淋漓等症状，合并感染时还会出现尿频、尿急、尿痛等膀胱炎症状。

（2）颈椎病、肩周炎。长时间久坐、不动，公交司机长时间保持面朝一个方向的姿势，比如低头等，容易导致颈部肌肉痉挛，使颈椎间关节无法保持正常的位置，从而引发颈椎错位、压迫神经，出现头部、肩膀、上肢等部位疼痛的颈椎病症状。另外，司机的腰背、脊椎、颈椎疼痛跟座椅也有很大关系。长时间固定一个位置驾驶，背部倾斜的角度不合适，都会使肩膀、上臂的肌肉处于紧张状态，导致颈肩部的劳损和疼痛。

（3）心情焦虑症。公交司机由于久坐、饮食不规律、紧张、疲劳等因素，很容易患上精神焦虑症，自我调节格外重要。另外，作为公交司机，每天与形形色色的人打交道，人际关系的纠纷也是心情焦虑症的元凶。

（4）视觉疲劳。公交司机驾车时需精神高度集中，透过车前玻璃，长时间盯着眼前的目标，容易导致视觉疲劳，从而引起眼睛酸痛、发红、干涩，甚至会产生阵发性的视物不清和幻觉，还容易诱发身体的其他慢性病，如心脏病、高血压、脑中风等。

（5）胃病、胆结石。公交司机是胃病的高发人群。公交司机开车时精神高度紧张，如果这种紧张状态长期得不到缓解，极易造成精神系统和内分泌系统功能紊乱。内分泌系统紊乱时，易造成胃部、十二指肠壁血管痉挛，供血减少，从而促成胃病的发生。司机吃饭时间无规律，饥一顿饱一顿，破坏了胃的正常消化分泌节律。有的司机为了赶时间，吃饭时狼吞虎咽，也可使胃黏膜发生损伤，导致胃病的发生。另外公交司机饮食不洁、坐的时间长、运动量小等也是胃病的重要诱因。

公交司机遇到的其他工作问题：

乘客逃票：在早高峰、晚高峰或节假日，坐车的人很多，存在着逃票现象，但难以清查。

乘客随便上下车：这个问题比较普遍，在一些十字路口乘客要求下车，但没站点不能随便停车，双方就产生了争执；当公交车在等红绿灯的时候，会有人要求上车，原因也是一致的，但是很多人却认为是司机师傅认为他不是熟人就不让上车，其实司机也很为难。

工作量大：公交车司机有着不为常人所知的辛劳与酸苦，存在高强度的体力付出、以分钟计算的休息时间、精神和年龄带来的双重压力……公交司机要对自己负责，也要对乘客的安全负责，精神压力很大，工作中最怕遇到的是不讲理的乘客。

节假日无法休息：当我们节假日出去旅游抱怨交通堵塞时，很多公交司机还在努力工作，不能有一个完整的假期。

乘客下车被门挤：有些乘客移动不方便，下车时走得慢，一旦有很多人下车，走得慢的人很容易被忽略，导致下不了车。

乘客买票买不上：现在很多人乘车不带零钱，由于网络原因，扫码扫不上，买不上票。

视角问题：司机坐在驾驶室的左边，乘客多了，会有人在前边站着，右边的后视镜被挡住，看不到右边的路，盲区变大；为了看清前边的路，公交司机把身子前倾看到前边的路，座位的靠背作用不大。

6.2.1.2 访谈法

（1）王师傅的“酸甜苦辣”。

酸：工作太忙愧对家人。

早上 5 点 45 分，11 路的早班车准时开到了北营的站牌前。7 点多，跑完一趟车的王师傅小跑着刚准备去上厕所，调度师傅又高喊着让王师傅出车。

饭盒孤零零地摆在调度站里，王师傅匆匆驶出站台。

王师傅是上午班，倒班间隙，有时间说两句话。

“我和妻子都是公交司机，经常是我上早班，她上晚班，同在一个屋檐下，一天却说不了几句话。大人还好，都理解彼此的工作，只是觉得挺对不起孩子，去年六一儿童节之前，孩子就嚷嚷着一家人去动物园玩，但那天我还得出车，只能眼看着别的父母带着孩子上公交车。”点上一支烟，王师傅的眼中似有泪花。

甜：乘客厚爱礼物暖心。

许多受益于公交司机贴心照顾的老年乘客，经常在其熟悉的公交站点旁，为劳累的司机送上心意。“经常收到乘客的菜、矿泉水、鸡蛋。”省城 1 路车队的司机们告诉记者，有时候他们只是把自己的本职工作做好，但却得到了乘客的厚爱，想起来不仅心里暖洋洋的，也更珍惜与乘客的真诚交流。

苦：工作环境炎热。

13日早8时许，道路上车流、人流一片密集，道路拥堵严重。王师傅不得不集中精力，只见他一会儿看反光镜，一会儿看后视镜，踩刹车、打转向灯、换挡，手脚不停地操控着车辆，不一会儿脸上就出现了汗水。

王师傅说，正常情况下一趟车往返跑下来需要75分钟，“最近路上比较堵，经常得差不多两个小时才能跑完一趟，”王师傅说：“公司也规定了来回一趟的时间，到点回不去就会罚款，最近路上特别拥堵，公司相应地降低了这方面的要求，但路上一堵，我们就得不停地发动车，油量超标又成了大问题。”

辣：开一路被“骂”一路。

13日14时许，我们挤乘上了王师傅开着的25路车，行驶途中，左侧道路上一辆私家车突然右拐跑到了公交车的正前方，刚好遇上红灯，王师傅只得一阵急刹车。“会不会开车啊？”一些性急的乘客开始大声抱怨……

“这样的责骂太多了，一天怎么也得听‘骂’百十句，都习惯了！”王师傅苦笑着说，公交车车身长，稍微一点刹车，车身的波动就大，此时，颠簸的乘客往往会将怒气撒到司机身上。但作为服务窗口，公司有着严格规定，必须打不还手、骂不还口。

咸：饭点不准胃病频发。

目前，省城约有3000台公交车，从早上5点半到晚上11点，这3000台公交车将不间断运行。忙碌，已成为每一个公交司机的常态。“干我们这行的，按点吃饭几乎不太可能，很多司机都有胃病。”王师傅说，大多数司机都是在换班的间隙随便扒拉几口。

（2）以下是有多年驾龄的张师傅的自身生活介绍。

早上是有发车时间的（冬天和夏天会有区别一般冬天要晚），如果你的发车时间是五点半，那么你必须提前40分钟到公司，也就是说你从起床那一刻一定要比发车时间早至少50分钟把（收拾自己速度快的话）甚至更早，晚的话也要四点五十吧。到单位找到自己的车（如果有定车的话，没有定车需要每天到调度室看自己的排班情况）车辆检查有没有磕碰，如果车辆有磕碰要报道调度，然后换车，要是没检查好然后车辆有磕碰，又找不到是谁的责任，只能认倒霉，就算你自己的责任了，检查油、液面，然后发动车辆，如果没有检查，因为油、液不足，造成发动机高温，这也是司机的责任。在车辆的电子终端电子签到，如果签到迟到是要扣钱的。这些都完毕了才吃饭，如果有卖早餐的就吃点，没有就需要自带。如果这条线路是较少经过学校和菜市场的话，第一趟车人是比较少的，一般早上第一趟车老年人和学生是主力军，老年人去早市买菜，而且买得特别多。早班车路上没什么车，人也很少，还是很好跑的，到终点站是有休息时间的，一般十分钟，如果第一趟需要加天然气，这个时间更长，回程就是上班时间了，上班族出动，还有你来时拉的老年买菜大军，他们买很多很多菜！还有车厢里都是菜市场的味道，偶尔会有在车上摘菜的！会把豆浆或豆腐脑撒在车里的，这些要到站后清洁员清理，如果没有清洁员需驾驶员自己清理。在这里我想说一下，现在我们城市已经在拟草案对上下班高峰期的老年人乘车免费做调整，不知道具体会采取什么措施，据我所知，全国只有上海已经出台了政策，取消老年人乘车免费，改成每月往乘车卡里充 80 元，如果坐车就抵扣，如果不坐车，这些钱可以取出来。具体来说，相关政策还需要完善吧。

6.2.1.3 自我陈述法

问题反馈："抢道"并不是有意的。

谈到市民反映的公交车经常抢道以及公交车与私家车主间的矛盾，多数公交司机从心理上、行车中及观念上等三方面说出了自己的心声。不少司机都说："其实我们大家并非抢道，更不敢抢道，这是违规的。"

心声一：公交车车大"脾气"小。

车大"脾气"小，是大多数司机的心声。他们认为目前省城投入运营的公交车，车身从 10 米至 18 米不等，高度更是达 3 米甚至 4 米。而反观私家车，不仅车身长度上瘦小许多，车身高度也就 1 米多。这意味着，两车相近时，私家车主在心理上是较为弱势的。

遇上高峰期，车型巨大的公交车在转弯时难免抢道，如果不小心碰到私家车，一些车主经常会恶语相向，公交乘客又在不停催促司机快走，"很多时候只得忍气吞声地向人家道歉。说实在话，碰了车，是司机们掏钱赔，一天就挣那么一点钱，我们哪敢让车'发脾气'啊"，870 路的李师傅说。

心声二：行驶中司机有视角盲区。

因为公交车车身巨大，行驶途中，公交司机有很大的视角盲区。824 路的郑师傅告诉记者，公交车右前方、前后车门的中间位置、后车轮及车尾附近等三处是典型的视野盲区。

公交车的前窗玻璃离地面有一米多的距离，而观后镜只能观察车身的位置。如果公交车要左转，司机根本看不见车后右侧驶来的私家车。“有时候自己都没感觉，就有私家车主跑到车前说我别了他的车”，郑师傅无奈地说道。

心声三：公交优先即百姓优先。

面对开“霸道”车的讨伐，省城多数公交司机并不认同。他们表示，公司对于司机在安全驾驶、文明驾驶等方面有着严格的规定。对于行车中的礼让问题，司机们也说出了自己的看法。他们表示，目前国家正全力打造公交优先通行的措施，满足市民乘车需求的公交车，公交优先在另外一个意义上也意味着百姓优先。因此，其他社会车辆的司机们都应该尽量礼让公交车，做到公交先行，百姓先行。

6.2.2 创意迸发阶段

根据第一阶段的调查结果，进行分析整合，寻找创意机会点（图 6.13）。

筛选标准及步骤 / 需要筛选的问题	步骤一	步骤二	步骤三
乘客逃票	相关部门及社会应加强群众素质教育，不是司机本人的硬性责任		
乘客随便上下车	公交公司硬性规定，难以更改		
工作量大	职业特点，需要相关部门调整		
节假日无法休息	职业特点，需要相关部门调整		
乘客下车被门挤	司机本人多注意，宁等一分，不抢一秒，车内贴好相关注意标语	可以保留，但如今已有后门摄像头，状况改善	
视角问题	可以对相关设备做出调整，进行改善	可以保留，还需进一步设计改良	采用并解决
饮食无规律	职业特点，需要相关部门调整		
缺乏私人时间	职业特点，需要相关部门调整		

图 6.13 问题第一次筛选

二次筛选（图 6.14）。

筛选标准 / 需要筛选的问题	舒适性	产品设计可行性	服务设计可行性	存在市场	环境友好	个性展示	人机互动	总计
乘客逃票	5	8	8	6	5	6	5	43
乘客随便上下车	7	8	9	6	5	7	6	48
工作量大	9	7	8	8	6	6	6	50
节假日无法休息	8	5	8	7	8	6	5	49
乘客下车被门挤	7	7	8	8	6	6	6	48
视角问题	8	9	6	9	6	8	9	55
饮食无规律	2	4	8	8	5	5	6	38
缺乏私人时间	3	6	6	7	5	5	7	39

图 6.14 问题第二次筛选

筛选分析：许多制度和现实发生了冲突，会对公交司机造成影响，分散了司机的注意力。司机与乘客之间的矛盾很多是由实际情况与制度不符导致的，所以问题大致可分为两类：一类是由于公交制度导致和公交司机产生了问题；二类是公交车内司机日常接触的产品导致驾驶度不好。我们无法去改变现有的制度，只能通过解决公交车上设施或者给司机减轻心理负担，最后我们确定的是解决视角问题。

（1）模拟人群故事。早晨 4：00，半梦半醒的你被吵人的闹铃惊醒。经过简单地洗漱和打扮后，你依依不舍地离开家，坐早班通勤车去往停车场。5：00，你收拾好车厢卫生，检查完车辆性能是否正常，驱动庞大的车身开往公交首末站。5：20，调度准时来到车队调度室，为你签好路单。5：30，从场站发出首班车。第一圈你总是开得非常快，因为早晨的路况是一天中最好的。7：00，你到达另一端终点站，还没来得及吃早餐，担心早高峰缺车的调度就急匆匆地将你推出场站让你发车。你只好带着盒饭开始返程，遇到红灯才能尽快吃下一两口早已凉了的饭菜。因为早高峰，道路拥挤，内急也只能忍着。最终到就近公共卫生区上完厕所后，为赶上车次的正常运行，下意识地提高了车速。途中一位嫌你开车太快的乘客与你拌了几句嘴。9：00，经过 10 分钟的休息，你糟糕的心情平静了一些，开始跑今天的第二圈。12：30，因堵车而晚点进站的你错过了吃午饭的时间，带着几个馒头和别人吃剩下的少量素菜上车，急匆匆地开始跑返程。途中因为太着急而与一辆争道抢行的出租车发生剐蹭，赔给对方50元倒镜钱。14：30，你感到十分困倦，但仍然必须强忍倦意继续开车，同时由于今天出的车少，你在终点已经连10分钟都休息不到了。19：30，经过一天神经紧绷的忙碌，你终于收车，开车到达加气站（假设你的车是CNG燃料），现在正是加气高峰，看着前面一望无际的队伍，你轻轻地叹了一口气。21：30，终于加完气的你将车开回停车场，开始修理今天碰到的小故障。22：00，倒数第二班通勤车发车，动作慢了一步的你没能按时上车，只好等22：30的末班通勤车。23：30，累了一天的你终于回到家里，连洗澡都顾不上就上床睡觉，因为明天是你的早班，还需要早起。第二天早晨4：00，开始重复和第一天一模一样的枯燥生活。

（2）设计目标分析。公交车视野盲区具体分析公交车的车厢高，盲区大，一般车头前方约2米宽、1.5米长的范围内都属于视野盲区，身高低于1.2米的儿童通过此区域时，驾驶员很难通过前方玻璃观察到公家车右前柱盲区（3米范围内为盲区）。当公交车转弯时，坐在左侧驾驶座上的司机常常无法观察到右前柱遮挡区域，拐弯时被右前柱覆盖的位置都属于危险区域，行人最好与车体保持2.5～3米以上的距离。

公交车右后视镜下方盲区（2米范围内为盲区）、右前轮的盲区中，尤其要注意右后视镜下方的位置，公交车司机一般都会比较在意车辆左侧，右侧盲区大，容易被忽视，再加上公交车的前窗玻璃离地面有一米多距离。如果一个身高低于车窗玻璃的儿童出现在公交车右前方，司机很难通过车窗玻璃看到这个人在公交车车尾。后车轮附近盲区（1.2米范围内为盲区），车辆在出站时，司机都在观察左侧路况，很少会注意到右后侧情况，行人如果出现在右后侧盲区，很容易发生意外。

公交车车尾盲区（3米范围内为盲区），公交车驾驶员通过后视镜观察看到车后为全盲区，公交车体积大，虽然有影像仪，难免有时候顾及不到，行人与公交车尾部也应至少保持3米以上的安全距离。

（3）公交司机开车过程视野分析。绝大部分情况下，为了更好的行车视野，无法正常依靠靠背，从而变相加重了劳动负担。

6.2.3 草图设计阶段

车窗改良。

（1）为解决公交司机视野盲区，设计采用前窗曲面屏，以及降低整体车身，从而完全消除右前侧、正前方以及司机左侧的视野盲区，以便更加安全行车（图 6.15）。

图 6.15　公交车车窗改良

（2）车前窗玻璃材料及相关加工工艺。车前窗采用硅玻璃，主要成分氧化硅含量超过 70%，其余由氧化钠、氧化钙、镁等组成，通过浮法工艺制成。在制作过程中，材料加热到 1500℃温度时熔化，溶液通过 1300℃左右的精炼区时浇注到悬浮槽（液态锡）上，冷却到 600℃左右，在此阶段形成质量特别好的平行的两面平面体（上面是溶液平面，下面是液态锡上平面），再通过冷却区域后形成玻璃并被切割成规定的尺寸，然后玻璃进一步加工成钢化玻璃（TSG）或夹层玻璃（LSG）。

（3）座椅改良。这款座椅更加符合人体工学，且对于公交司机有特殊设计，靠背采用半包裹设计和皮质材质，且采用聚氨酯泡沫塑料类进行座椅填充。这一设计的好处有：①容易清洁。相对于绒布座椅来说，灰尘只能落在真皮座椅表面，而不会深入到座椅深层，因此用布轻轻一擦就可以完成清洁工作，而绒布座椅还需要购买坐垫等，否则一旦弄脏，就有可能渗入到座椅内部。②更易散热。虽然真皮也会吸热，但其散热性能更好。夏日正午被阳光灼热的车辆，座椅一定很烫。但如果是真皮座椅，用手拍几下就可以散去热气，或者坐上去一段时间就不会感觉那么烫了，而绒布座椅没有这么好的散热性（图 6.16）。

（4）后视镜改良（图 6.17）。为改善右侧司机视野，在右侧后视镜上加固一个摄像头，视频图像由车内司机前置显示屏显示。

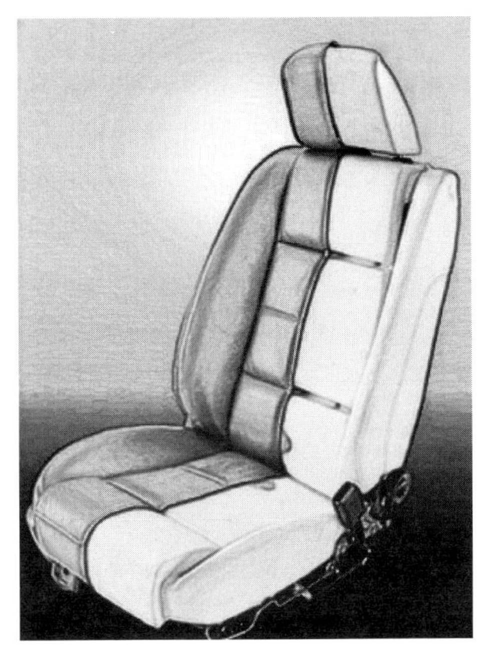

图 6.16　座椅改良

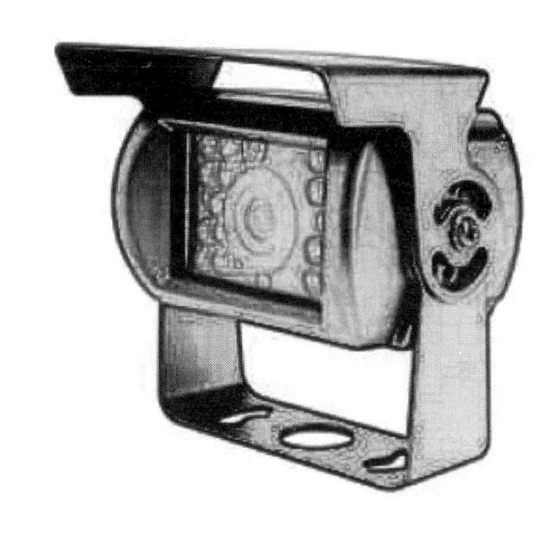

图 6.17　后视镜改良

6.2.4　设计深入阶段

综合前述，车窗改良方案可行性较高，且具有突破性。传统的公交车都是方方正正边柱较粗，导致视野受限，该项设计完美避免了这种问题。而座椅改良方案无法从根本上解决问题。后视镜改良方案直接导致司机的思维转换困难，如今公交司机的前置显示器上有倒车影像、行车记录影像、后门状况投影等数字影像。如果再多加的话，很难保证安全问题，习惯性向右侧看的问题难以更改。所以，车窗改良方案更加从实际出发，解决问题更彻底。

但此方案采用超低底盘以及对外观的改良较多，对于现实的已经大批量配置的公交车而言不切实际，所以经过进一步的仔细揣摩，小组成员最终定稿改良为以下方案：超大视野，且座椅可调低与行人高度一致，公交司机可通过两侧全透视车窗直接观察周围路况，从而更加便捷行车（图 6.18）。

图 6.18　方案深化阶段

6.2.5　设计实施阶段

到此阶段为止，设计已经趋近于完善，且建模以及实际图片效果良好，对公交司机的视野障碍问题有了突破性的改善（图 6.19）。

图 6.19　设计实施阶段

6.2.6　设计批评阶段

通过实际走访调查与采访，让我们对于公交司机这一职业有了新的认识的同时，也让我们意识到正是有无数工作在一线的公共服务人员的付出，才有了便捷的生活。通过学习的专业知识来给这些社会上的贡献者带来更好的服务，让我们也意识到了自己的能力，不仅从思想和理论水平上对工业设计有了更深层次的理解，还从基本技能上得到了很大的提高，对未来工业设计之路充满了信心。

6.2.7 设计反思

公交是这个城市重要的交通动脉，公交优先在另外一个意义上也意味着百姓优先。因此，其他社会车辆的司机们应该尽量理解公交车，礼让公交车，公交先行，百姓先行。

他们，是百姓视线中最常接触到、城市最不可或缺的职业……

他们，常常牺牲和家人的团聚忘我工作，忍受着形形色色的谩骂……

他们，越是节日越忙，越是委屈越沉默！

他们的名字叫公交司机。

在这次设计之前，他们是我们经常遇到却没想过要深入了解的群体，通过这次设计，使我们对这些人有了新的认识，并想通过我们的设计为他们做一些事情，这或许就是设计的魅力所在！

参 考 文 献

[1] 李砚祖 . 艺术设计概论 [M]. 武汉：湖北美术出版社，2009.

[2] 何晓佑 . 产品设计程序与方法 [M]. 北京：中国轻工业出版社，2006.

[3] 程能林 . 工业设计概论 [M]. 3 版 . 北京：机械工业出版社，2011.

[4] [日] 原研哉 . 设计中的设计 [M]. 朱锷，译 . 济南：山东人民出版社，2010.

[5] [德] 迈克尔・厄尔霍夫，蒂姆・马歇尔 . 设计词典：设计术语透视 [M]. 张敏敏，沈实现，王今琪，译 . 武汉：华中科技大学出版社，2016.

[6] 李乐山 . 工业设计思想基础 [M]. 2 版 . 北京：中国建筑工业出版社，2007.

[7] 何人可 . 工业设计史 [M]. 5 版 . 北京：高等教育出版社，2019.

[8] 程安萍，乔丽华，范旭东 . 浅析人性化设计理念在产品设计中的应用研究 [J]. 设计，2015.（07）：56-57.

[9] 张莉 . 设计管理探析 [J]. 现代营销，2019（01）：141.

[10] 任新宇，王倩 . 论绿色产品设计的特征及策略 [J]. 设计，2018（04）：108-110.

[11] 雷蕾 . 设计管理在宜家家居中的运用研究 [J]. 大众文艺，2018（12）：122.

[12] 卢菲菲，陈秋媛 . 浅析绿色产品设计 [J]. 工业设计，2018（08）：50-51.

[13] 刘梦丽 . 工业设计中的人性化设计理念分析 [J]. 大众文艺，2019（02）：80.

[14] 易祖强 . 当代设计批评与批评性设计 [J]. 世界美术，2018（02）：83-88.

[15] 胡飞，姜明宇 . 体验设计研究：问题情境、学科逻辑与理论动向 [J]. 包装工程，20（39）：60-75.

[16] 刘凯 . 销售管理系统的设计与实现 [J]. 中国市场，2011（06）：84-85.

[17] 陈茂清 . 关于现代工业设计中人性化设计理念的应用分析 [J]. 科技风，2019（01）：244.

[18] 张俊佳 . 医疗康复产品设计中的用户体验方法应用研究 [J]. 工业设计，2018(11）：136-137.

[19] 蒋刘丽 . 浅谈设计管理对企业影响的认知 [J]. 大众文艺，2019（01）：237-238.

[20] 刘毅 . 用户体验设计中的“痛点”策略 [J]. 设计，2015（05）：37–39.
[21] 季鹏 . 试析可持续发展环境下企业绿色营销的策略探析 [J]. 现代商业，2018(14)：17–18.
[22] 张亚敏 . 艺术设计与非物质设计概念的形成及其应用 [J]. 硅谷，2008（10）：197.

作者简介

毛斌，男，汉族，山东诸城人，山东建筑大学艺术学院副教授，硕士研究生导师。主要研究方向为：产品设计、设计文化、适老化设计等。

杨旸，女，汉族，山东潍坊人，本科毕业于山东建筑大学，山东建筑大学研究生在读。主要研究方向为：产品设计、适老化设计。

李怡，女，汉族，山东青州人，本科毕业于山东建筑大学，山东建筑大学研究生在读。主要研究方向为：产品设计、适老化设计。